高等职业教育自动化类专业系列教材

工业机器人机械装调与维护

主　编　陈　琪　沈　涛　覃智广

副主编　曾　欣　鲁庆东　蒋世应

参　编　王　强　郭　超　刘　勇

　　　　刘永兴　李萍瑛　赵恒博

U0241894

中国轻工业出版社

图书在版编目（CIP）数据

工业机器人机械装调与维护/陈琪，沈涛，覃智广主编. —北京：中国轻工业出版社，2021.2
高等职业教育自动化类专业系列教材
ISBN 978-7-5184-3041-3

Ⅰ.①工…　Ⅱ.①陈…②沈…③覃…　Ⅲ.①工业机器人-装配（机械）-高等职业教育-教材②工业机器人-调试方法-高等职业教育-教材③工业机器人-维修-高等职业教育-教材　Ⅳ.①TP242.2

中国版本图书馆 CIP 数据核字（2020）第 103802 号

责任编辑：张文佳　宋　博
策划编辑：张文佳　　责任终审：李建华　　封面设计：锋尚设计
版式设计：霸　州　　责任校对：方　敏　　责任监印：张　可

出版发行：中国轻工业出版社（北京东长安街 6 号，邮编：100740）
印　　刷：三河市国英印务有限公司
经　　销：各地新华书店
版　　次：2021 年 2 月第 1 版第 1 次印刷
开　　本：787×1092　1/16　印张：9.25
字　　数：220 千字
书　　号：ISBN 978-7-5184-3041-3　定价：35.00 元
邮购电话：010-65241695
发行电话：010-85119835　　传真：85113293
网　　址：http://www.chlip.com.cn
Email：club@chlip.com.cn
如发现图书残缺请与我社邮购联系调换
210204J2C102ZBW

前 言

1959 年美国诞生世界上第一台工业机器人，开启机器人时代。我国工业机器人发展远远落后于美国，直至 1972 年我国才开始研制国产工业机器人，但我国工业机器人发展迅速，现今我国工业机器人已进入产业化阶段，并成为全球最大工业机器人应用市场。据统计，2016—2018 年我国机器人销售额总体呈逐年增长态势，年均复合增速达 20.99％。2018 年我国机器人销售额为 539 亿元，同比增长 11.4％。2019 年我国机器人市场主要以工业机器人为主，工业机器人比重达 66％，远高于服务机器人和特种机器人。2019 年我国机器人销售额近 608 亿元，工业机器人市场规模近 401 亿元。

在需求端，未来随着我国劳动力成本快速上涨，人口红利逐渐消失，生产方式向柔性、智能、精细转变，构建以智能制造为根本特征的新型制造体系迫在眉睫，对工业机器人的需求将呈现大幅增长。根据前瞻产业研究院发布的《2018—2023 年中国工业机器人行业产销需求预测与转型升级分析报告》预测，到 2023 年，国内市场规模将翻一番，进一步扩大到接近 80 亿美元。

另外，在供给端，根据三部委发布的《机器人产业发展规划（2016—2020 年）》，到 2020 年，我国自主品牌工业机器人年产量达到 10 万台，六轴及以上工业机器人年产量达到 5 万台以上。工业机器人速度、载荷、精度、自重比等主要技术指标达到国外同类产品水平，平均无故障时间达到 8 万小时。

随着工业机器人需求和供给量的持续增加，与其对应的相关专业人才缺口也逐渐凸显。为培养一批适应工业机器人领域急需的专业人才，华中数控为此设计了教学专用实训平台——机器人机械系统拆装实训平台，它完全贴合六轴工业机器人现实中的应用，将其中的各种专业核心技术和技能体现于机器人机械系统拆装实训平台中，突出强调六轴工业机器人机械结构原理和拆装技能的学习。

本教材基于华数机器人机械系统拆装实训平台编写，内容紧密结合实训平台教学，共由以下章节组成：

项目 1 工业机器人拆装工作站简介，简单介绍华数机器人机械系统拆装实训平台基本情况，重点介绍其实验室总体布局、拆装平台的技术参数和工业机器人现实应用的案例，使读者对机器人拆装平台和工业机器人的应用有个基本的了解。

项目 2 工业机器人基本操作，主要讲述了工业机器人示教器的界面功能和操作方法，并对机器人的基本编程方法作了一定的讲解。

项目 3 工业机器人结构分析，简单介绍了工业机器人主要机械零部件的结构和工作原理。

项目 4 工业机器人本体拆装，详述本实训平台整体拆装步骤。

项目 5 工业机器人调试，介绍了六轴关节机器人简单精度测试方法、机器人校准和机器人保养内容，以验证机器人最终装配的正确性和后期使用的维护。

通过结合本教材和机器人机械系统拆装实训平台的学习以后，学生可基本掌握常用工业机器人的机械结构装配方法，包括本体、减速机、伺服电机等及气动系统的设计和装配。同时，通过实训后能基本形成工业机器人的结构理论体系，能更好地为在工业机器人领域的进一步学习发展奠定扎实基础。

编者

目　录

项目1 工业机器人拆装工作站简介

 教学目标

1. 了解六轴关节机器人实训平台的技术参数。
2. 了解工业机器人拆装工作站的安装环境。
3. 熟悉机器人的应用。

 项目概述

本课程总体分为三大模块，即机器人基本理论及结构认识、工业机器人拆装及调试和工业机器人故障排查及维护三块课程内容。在每一块课程内容中，均将理论与实际操作同时施教，让学生在学习理论之时通过实训平台实际操作及拆装机器人，从而让学生学习到整个工业机器人的系统知识。

 引导案例

随着工业智能化升级制造发展的趋势，社会对人才的需求正发生着显著变化，由简单重复的基本劳动技能正向着对技术要求更高的专业技能人才需求，特别是迈向工业4.0方向的工业机器人技术人才需求最为明显。为适应社会需求，本书特别选择工业机器人中最具有代表性的六轴关节机器人作为实训平台，实现机器人实际生产线安装、调试、故障排查及维护功能，使读者能够学到六轴关节机器人的结构原理、机器人装配工艺、故障分析及维护等各种知识。

 任务介绍

工业机器人的出现大大减轻了人工的劳动强度，提高了生产效率。随着工业机器人的快速普及，工业机器人的种类也越来越多，不同的机器人技术参数和安装环境有一定的区别，因此对于工业机器人的使用和安装需要了解其相应的技术参数能否适应相应的工作环境。本次任务以华数 HSR-612 机器人为载体，重点介绍机器人的总体布局、技术参数和典型的应用案例。

 任务分析

机器人的安装使用需要了解机器人的具体技术参数和安装环境，这对于机器人后期的使用和维护都是非常有必要的。对于机器人技术参数的分析可以通过型号规格说明的阅

1

读；机器人的安装环境可以查阅具体的技术说明书来实现。

 相关知识

工业机器人技术是计算机、控制技术、机构学、信息及传感技术、人工智能等多学科交叉形成的高新技术，其类别可以按基本结构分为四大类，即直角坐标型、圆柱坐标型、球坐标型及关节型。本机器人机械系统拆装实训平台选择了运用最广泛的六轴机器人作为实训对象，其结构和控制也是目前工业机器人相对复杂的技术。

1. 拆装工作站实验室总体布局

六轴机器人拆装工作站是通过模拟工厂实际生产华数六轴关节机器人而设计的工作站，使得本教学拆装工作站以模拟工厂实际生产的方式来教学。该工作站整体布局相对小巧且灵活，便于在学校一般实验室内合理安装布局。也可根据学校实际情况，将华数六轴关节机器人教学实训工作站设备布置在特定的同一实验室或者同一厂区，各个设备主要按照田字形，也可以按照线性摆放，教学时可让更多学生参与到操作或教学机器人协作等内容中。该工作站具体布局如图 1-1 所示。

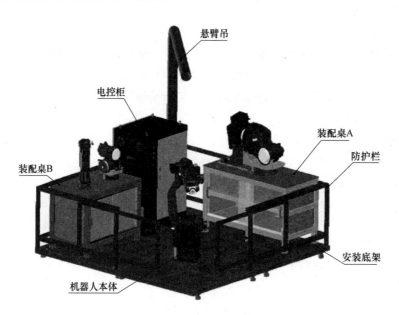

图 1-1　教学拆装工作站基本模型及布局

工业机器人的安装建设对周围的环境有一定的要求，为了能安全地使用该设备，工作站使用现场必须满足以下环境条件：

（1）工作环境温度必须在 0～45℃。

（2）相对湿度在 30％～85％，无凝露。

（3）确保安装位置无易燃、腐蚀性液体和气体。

（4）确保安装位置不受过大的振动影响。

（5）确保安装位置最小的电磁干扰。

（6）确保安装位置有足够的机器人运动空间，并安装安全围栏。

2. 拆装工作站技术参数

工业机器人的使用需要了解机器人负荷、机器人轴数、机器人类型等技术参数，该参数可以通过型号规格说明来具体了解，本教材主要以重庆华数机器人有限公司的 HSR-612 型机器人为载体，其型号规格说明如图 1-2 所示。

3. 工业机器人应用案例

由于六轴机器人的通用型较强，理论上空间内的任何工作都能完成，所以六轴机器人在自动化生产过程中运用十分广泛。如表 1-1 所示，目前常用的自动化案例大致可分为如下几类：

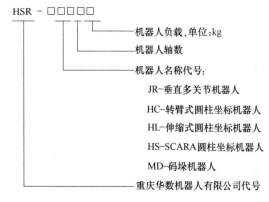

图 1-2　工业机器人型号说明

表 1-1　　　　　　　　HSR-612 型机器人机械拆装实训工作站参数

设备名称	设备组成及参数		
工业机器人机械拆装实训工作站	机器人本体	自由度	6
		有效负载	12kg
		重复定位精度	±0.06mm
		最大臂长	1555mm
		减速机	RV 减速机和谐波减速机
		控制器	HPC-100 型高档机器人控制系统,配备 NCUC 总线接口、标准网络接口、VGA 接口以及 USB 接口,DC24V 电源供电
		总线方式	NCUC 总线通信
		额定速度	J1 轴　2.58rad/s,148°/s
			J2 轴　2.58rad/s,148°/s
			J3 轴　2.58rad/s,148°/s
			J4 轴　6.28rad/s,360°/s
			J5 轴　3.93rad/s,225°/s
			J6 轴　6.28rad/s,360°/s
		运动范围	J1 轴 ±170°
			J2 轴 −75°～+170°
			J3 轴 −85°～+140°
			J4 轴 ±180°
			J5 轴 ±108°
			J6 轴 ±360°
		安装方式	地面安装
		本体重量	196kg

续表

设备名称	设备组成及参数			
工业机器人机械拆装实训工作站	装配桌	材质		欧标铝材＋冷轧板(表面防静电胶皮 3mm、深绿)
		尺寸		1200mm×600mm×750mm
		零件箱		6 个
		工装夹具	数量	2 个
			材质	Q235
		夹具 1	尺寸	480mm×480mm×140mm
			重量	20kg
		夹具 2	尺寸	400mm×300mm×300mm
			重量	50kg
	悬臂吊	高度		2.35m
		横杆	长度	2.3m
			材质	14 工字钢
		活动半径		0°～120°
		负载		300kg
		电源		220AC
		上下工作范围		0～1200mm
		前后工作范围		0～800mm

(1) 冲压自动化领域。冲压生产线，特别是大型冲压生产线上。一般指 1000 吨以上压机组成的几个工序，通常一台压机就需要四个人左右，一般采用六轴机器人可以节省大量人工并提高效率。机器人末端通常采用端拾器拾取冲压件，完全组成一条自动化生产线完成工件的冲压任务。

(2) 热锻自动化案例。热锻压车间工作环境非常恶劣，人工成本较高，尤其是夏天，越来越少的人愿意从事该行业。六轴机器人组成热锻生产线需要涉及以下内容：

① 耐高温夹具设计（通常 900℃ 左右）。

② 自动上料到中频炉（上料自动）。

③ 自动喷墨装置（喷脱模剂）。

④ 机器人高等级防护，防粉末等。

(3) 机加自动化案例。上下料机器人在工业生产中一般是为机床服务的。数控机床的加工时间包括切削时间和辅助时间。当上下料机器人的上料精度达到一定的要求就可以缩减数控机床对刀，从而减少切削时间。机床上下料需要较高精度和自由度，目前运用较为广泛的即是通过六轴机器人组成机械加工自动化单元。特别是与数控机床完全能够组成无人车间，降低人力成本的同时也提高了加工效率。

(4) 焊接自动化案例。焊接是技术质量要求高的工作，同时也是对工人技术要求较高的领域，包括点焊和弧焊均需熟练的技术工人才能完成，人力成本较高。特别是在汽车领域，目前基本实现利用六轴机器人替代人工焊接工作，整体提高了汽车工业的行业水平。

(5) 打磨抛光自动化案例。打磨和抛光不仅对工人的技术水平要求较高，而且其工作环境较为恶劣。利用六轴机器人完全可以替代人工，不仅降低了人员暴露于恶劣环境下的危害，而且形成了高度一致性的产品质量。由于工艺要求较高，目前六轴机器人在这个领域正逐渐完善其自动化升级过程。

 小　结

1. 通过认识设备，进一步了解机器人的技术参数和安装环境。
2. 通过了解机器人的应用案例，了解机器人应用。

 思考与练习

1. HSR-618 型机器人的有效载荷是多少？
2. 请简单描述工业机器人主要应用在哪些领域。

项目2 工业机器人基本操作

教学目标

1. 了解工业机器人示教器软件的安装方法。
2. 熟悉工业机器人示教器操作。
3. 掌握工业机器人示教器简单编程方法。

项目概述

工业机器人示教器编程是机器人现场编程操作的主要方法之一，在机器人的排故及拆装调试过程中，必须熟悉机器人的现场编程，从而寻找机器人在运行中出现的故障和验证机器人的装配和调试能否达到相应的技术要求，因此本项目重点介绍机器人示教器界面的各项功能和基本操作，同时对于机器人的现场编程也做了简单的介绍，列举了编程文件的建立和常用的指令。

引导案例

某一六轴机器人在使用过程中由于维护保养不善，出现了部分机械故障，相关技术人员需通过运行机器人查找故障，并在解决了相应的机械故障后需对安装后的结果进行验证，因此需要对工业机器人进行简单的编程操作。本次案例以机器人现场调试为背景，重点解决机器人示教器的操作和基本编程指令的应用，从而达到现场排故和调试的目的。

任务 1　工业机器人示教器操作

任务介绍

某一工业机器人在现场排故和调试中需要了解机器人示教器的按钮功能，程序的建立和修改，从而查找相应的机器故障和排故后的准确性，本次任务重点介绍机器人示教器的面板功能、软件的安装方法及程序的建立修改等知识。

任务分析

机器人示教器的操作需要了解示教器界面和面板的基本功能，同时对于示教器软件的安装也应有一定的了解，通过对以上知识的学习达到解决机器人现场操作从而实现机器人机械故障排查和安装后调试的目的。

 相关知识

一、示教器面板介绍

示教器又叫示教编程器（以下简称示教器），是机器人控制系统的核心部件，是一个用来注册和存储机械运动或处理记忆的设备，该设备是由电子系统或计算机系统执行的。

本次任务中以 HRT-6 型机器人示教器为载体进行介绍，HRT-6 型机器人示教器是为近旁在线操作机器人而设计的一款设备。它符合人机工程学设计，轻便灵活，配备 LCD 彩色触摸屏幕与简洁的按钮，为用户提供友好的操作体验以及快速准确的机器人运动控制功能，如图 2-1 所示。

HRT 机器人示教器按键可以分为轴控制键、倍率调节键、增量调节键、主页键、程序控制键；示教器背面的 MicroUSB 接口为调试接口，用于与 PC 机连接。另外的一个 USB 接口用于连接 U 盘。如图 2-2 所示为机器人示教器的整体布局，表 2-1 为示教器按键功能的具体说明。

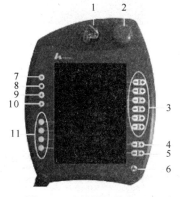

图 2-1　HRT-6 机器人示教器　　　　　图 2-2　示教器整体布局图

表 2-1　　　　　　　　　　　示教器按键功能说明

编号	功　　能	编号	功　　能
1	暂未定义	7	暂停键。用于暂停运行程序
2	急停按钮。用于紧急停机	8	停止键。用于停止运行程序
3	轴控制按键。用于手动移动机器人	9	暂未定义
4	倍率调节按钮。用于调节机器人运动快慢	10	启动键。用于启动运行程序
5	增量调节按钮。用于调节增量模式下机器人运动快慢	11	暂未定义
6	主页键。用于调出窗口切换菜单		

二、示教器软件安装

示教器软件安装步骤如下：

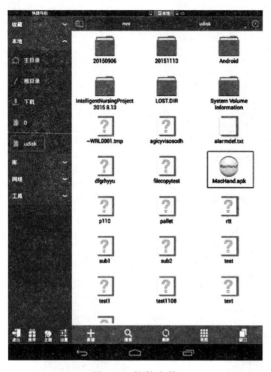

图 2-3　软件安装

（1）将 MacHand.apk 文件放入 U 盘，将 U 盘插入示教器背部的 USB 接口。

（2）打开 ES 文件浏览器，在左侧本地菜单中点击"udisk"，即可浏览 U 盘中的文件。找到 Mac-Hand.apk，点击安装，如图 2-3 所示。

（3）由于 Android 设备的安全性设置，点击安装包之后可能会弹出如图 2-4 所示的对话框。此时点击对话框中的设置，将安全设置中的"未知来源"勾选即可。

（4）此时回到 U 盘文件浏览，点击 MacHand.apk 文件，点击安装即可。

三、示教器界面介绍

HRT-6 工业机器人控制系统上电后，如果连接正确，示教器软件会进入操作界面。

1. 状态栏

状态栏用于提示网络状态和当前控制器状态，如图 2-5 所示。

图 2-4　禁止安装提示对话框

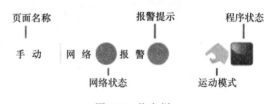

图 2-5　状态栏

（1）页面名称。显示当前处于哪个页面。

（2）网络状态。●绿色表示网络正常，●红色表示网络不通。

（3）报警状态。●绿色表示当前无报警，●红色表示机器人控制器当前发生报警。在发生报警状态下，点击"报警●"区域，会弹出对话框，提示当前报警信息。

（4）运行模式。包含两种状态：手动●和自动●，可以通过电柜上的模式选择开关进行切换。手动模式下，可通过手动操作键及滚轮配合操作机器人进行动作，自动模式下，可运行示教程序，运行过程可通过程序控制键来控制。

（5）程序状态。分为程序运行、停止和暂停三种状态，在状态栏分别显示为▶ ■ ❚❚。

2. 界面说明

如图 2-6 所示，手动操作界面是 HRT-6 工业机器人示教器软件的初始界面，手动运行界面主要用于显示和设置机器人手动控制相关的操作。

手动操作界面上方为坐标显示区，下方为参数设置区，右侧为轴控制显示区。

（1）坐标显示区。显示当前轴号及相应坐标值。

（2）参数设置区。用于显示当前的状态信息。点击中间按钮，会弹出对应的设置对话框。按左侧与右侧按钮，也可以直接切换相应选项。

（3）轴控制显示区。显示当前可移动的轴号及倍率和增量值。

3. 手动操作说明

手动界面最主要功能是手动控制机器人动作，以下对如何进行手动操作机器人进行说明。

轻按（即停留在中间键位）背部黄色安全按钮，轴控制区的轴号会显示为绿色，表示这些轴现在处于可移动状态，用相应的轴控制按键即可控制相应轴的运动。

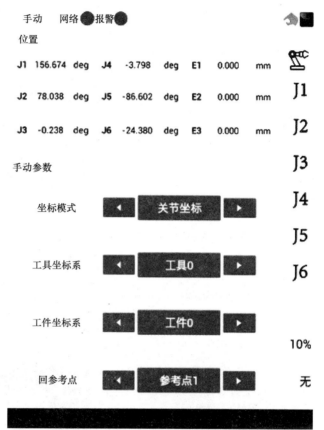

图 2-6　手动操作界面

增量显示为无时，表示机器人的手动模式是连续运动，即按住轴控制按钮，机器人就运动，松开轴控制按钮，机器人停止运动。

增量模式为×1、×10、×100 时，表示机器人的手动模式是增量运动，即按一次轴控制按钮，机器人移动一定角度或距离之后即停下来。

四、示教器界面操作

1. 坐标模式

坐标模式有 5 种，分别为关节坐标、基坐标、工具坐标、工件坐标、外部轴。

修改坐标模式的操作步骤如下：

（1）手动操作界面下，点击图中的"关节坐标"控件，就会弹出坐标模式选择对话框，如图 2-7 所示。

（2）在对话框内选中相应坐标模式，焦点停留在选中项时，点击对话框中的确定按钮，页面回到手动操作界面，坐标模式修改成功。如果取消，页面回到手动操作界面，坐标模式不修改。

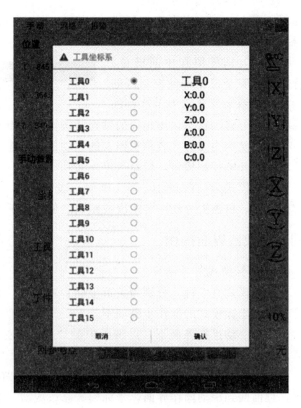

图 2-7　坐标模式选择对话框

（3）手动操作界面下，按下"关节坐标"的左侧或右侧按钮，即可直接切换坐标模式，切换顺序与坐标模式选择对话框中列表顺序一致。

关节坐标模式下，显示模式默认为关节坐标，其他坐标模式下，显示模式默认为直角坐标。关节坐标使用的坐标为 J1、J2、J3、J4、J5、J6，直角坐标使用的坐标是 X、Y、Z、A、B、C，所以位置显示及运动模式会有相应的变化，如图 2-8、图 2-9 所示。

位置

J1	156.674	deg	J4	−3.798	deg	E1	0.000	mm
J2	78.038	deg	J5	−86.602	deg	E2	0.000	mm
J3	−0.238	deg	J6	−24.380	deg	E3	0.000	mm

图 2-8　关节坐标模式下的坐标显示

位置

X	−845.869	mm	A	0.107	deg	E1	0.000	mm
Y	364.744	mm	B	170.429	deg	E2	0.000	mm
Z	549.439	mm	C	−1.464	deg	E3	0.000	mm

图 2-9　其他坐标模式下的坐标显示

2. 工具坐标系

本机器人系统的工具坐标系总共有 16 个，从工具 0 到工具 15。设置当前工具坐标的操作步骤如下：

（1）手动操作界面下，点击工具坐标系中的"工具 0"控件，就会弹出如图 2-10 所示工具坐标系选择对话框。

（2）在对话框内选中相应工具坐标系，右侧会显示该工具坐标系相应的值，点击对话框中的确定按钮，工具坐标系修改成功。如果取消，工具坐标系不修改。

（3）手动操作界面下，按下"工具 0"的左侧或右侧按钮，即可直接切换工具坐标系，切换顺序与工具坐标系选择对话框中列表顺序一致。

3. 工件坐标系

本机器人系统的工件坐标系总共有 16 个，从工件 0 到工件 15。设置当前工件坐标的操作步骤与工具坐标系

图 2-10　工具坐标系选择对话框

的选择一致，此处不再赘述。

4. 增量设置

增量表示机器人一次增量运动的移动距离，本机器人系统可设置的增量为：无、×1、×10、×100。当系统设置为无增量模式时为连续运动模式。例如，×1：在工具坐标系（工件或基坐标系）平动模式下，机器人 TCP 移动 0.01mm；若为关节模式，机器人关节轴旋转 0.01deg。增量值通过增量设置按键来设置。

5. 倍率设置

在增量选择为"无"时，为连续手动模式，倍率生效。倍率值通过倍率设置按键设置。

6. 回参考点

回参考点的操作步骤如下：

（1）手动操作界面下，点击回参考点对应的"回参考点 1"控件，点击其左右侧按钮可切换需要回的参考点，可以选择的有参考点 1 和参考点 2。

（2）点击回参考点对应的"回参考点 1"控件，即可进入如图 2-11 所示的回参考点对话框。

（3）按住 J1 按钮，J1 关节开始转动，松开 J1 按钮，J1 关节停止转动。一直按住 J1 按钮，J1 关节会一直转动直至到达参考点停止转动。点击全部回零按钮，各个关节都以自己的速率回零。

（4）观察上侧的坐标区域可以知道是否回到参考点。点击【确定】或者【取消】关闭对话框。

▲回第1参考点		
J1	J2	J3
J4	J5	J6
E1	E2	E3
全部回零		
取消		确认

图 2-11　回参考点对话框

7. 新建程序

在功能菜单中选择"新建程序"，即弹出如图 2-12 所示的对话框，输入程序名，点击确定后，如果没有与已有程序名冲突，则会回到示教界面，新建的程序会自带结束行"END"，如图 2-12、图 2-13 所示。

8. 打开程序

在功能菜单中选择"打开程序"，可显示程序文件列表，选择一个现有的程序文件，点击"确认"按钮，即可打开选中的程序文件，如图 2-14 所示。

9. 程序修改

示教主要提供程序修改编辑功能，本示教器提供两种操作方式：短按（即点击）和长按。

（1）END 行短按。在新建程序完成后，会生成包含 END 行的程序。编辑已有程序时，如果光标停在 END 行，点击 END 行，会弹出如图 2-15 所示的指令选择菜单，编辑指令完成后，该条指令会插入到 END 行的上一行。

（2）行内编辑（短按）。点击任一行的程序语句（最后一行"END"除外），可对该行程序语句的内容进行编辑。

在行内编辑对话框，左右键切换需要编辑的指令元素，上下键选择修改指令元素值，如光标指向 J 指令元素下方的指令元素选择列表，移动光标至 L，按【确认】键则将 J 指

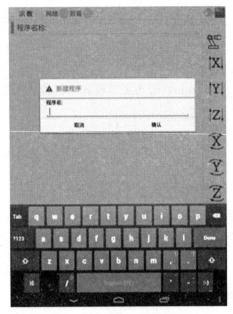

图 2-12　新建程序对话框

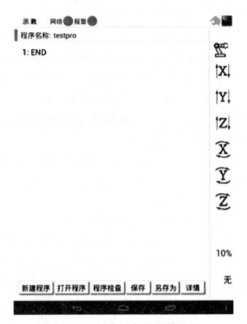

图 2-13　新建程序的示教界面

图 2-14　打开程序界面

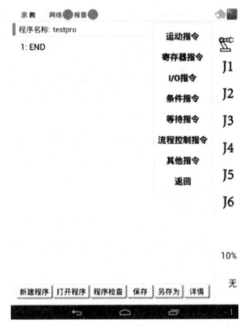

图 2-15　点击 END 行直接在上行插入指令

令改为 L 指令。

运动指令默认指令值介绍：

① 初始时，J 指令默认值为：JP［n］100％ CNT100（n 为点 P 的标号，自增，下同）；L 指令的默认值为：LP［n］100mm/sec FINE；C 指令的默认值为：CP［n］100mm/sec FINE，运动指令默认采用 J 指令。

② 如果编辑过程中出现过运动指令，则相应的运动指令默认值改变为上一条指令值。默认运动指令类型也变为上一条运动指令类型，就是说如果上一条运动指令是 L 指令，则下次插入运动指令时默认是 L 指令。例如：编辑程序过程中出现了 J 指令，JP［n］50% FINE，则下次选用 J 指令时，默认值就是 JP［n］50% FINE。L 指令与 C 指令类似。

③ 其他指令类型暂时只有初始默认值，默认值并不随编程过程动态变化。

指令的行内编辑过程：以 J 指令为例。

① 如图 2-16 所示，在左侧的程序显示区域点击"1：JP［0］100% CNT100"行，则会弹出该行的编辑对话框，如图 2-17 所示。

② 在该对话框中，图中红色的"J"表示当前编辑项是"J"，可使用触屏方式将光标移至需

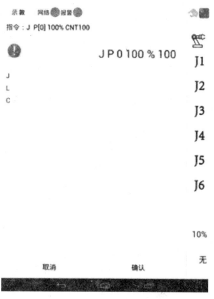

图 2-16　行内编辑对话框

要编辑的指令元素，例如在屏幕上点击"100%"，则光标会定位至指令元素"100%"，下方的可选项也会做出相应改变。在该对话框，使用【左右导航】键可以切换光标，即切换需要编辑的指令元素，使用【上下导航】键可以直接改变该指令元素的选择项。

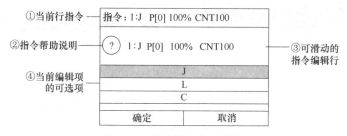

图 2-17　程序行编辑对话框

图 2-18　指令帮助说明

③ 指令帮助说明：点击帮助图标后，显示指令类型说明，运动指令时，弹出帮助对话框，如图 2-18 所示。

④ 本次编辑的确认和取消：点击"确认"后，即可将本次编辑好的指令行替换旧的编辑行或点击"取消"按钮，取消当前编辑。

⑤ 编辑过程：

a. 选择 L 指令，这时指令编辑行会变成 L 指令的默认值：LP［1］100mm/sec FINE，光标自动右移至下一个指令元素，即 P 点的下标值。

b. 光标移至 P 点的下标值时，当前编辑项的可选项区域也会做出相应变化，如图 2-19 所示。

这时光标是在下方编辑框内的，将光标重新移至区域③指令编辑行，可使用【上导航】键或者点击其他指令元素。光标移到其他控件上时，前面控件中的更改会显示出来。

c. 点击确定，更改生效；点击取消，放弃更改。

（3）行编辑（长按）。长按任一行的程序语句，可对该行程序语句做整体操作，包括删除、复制、剪切、粘贴、修改位置、上行插入、下行插入等，如图 2-20 所示。

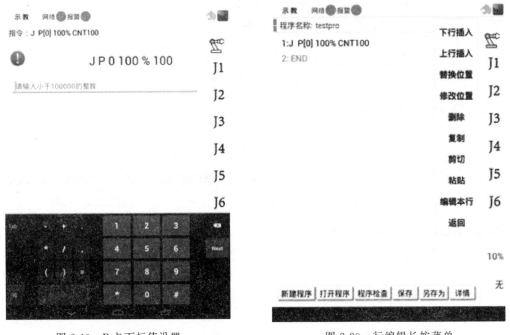

图 2-19　P点下标值设置　　　　图 2-20　行编辑长按菜单

下面对长按菜单逐项进行说明：

根据指令行插入的位置，插入操作分为上行插入和下行插入。上行插入是指在当前所选择指令的前一行插入指令；下行插入是指在当前所选择指令的后一行插入指令。

下面以上行插入为例，介绍插入指令行的操作方法。

a. 选择"上行插入"选项，弹出如图 2-21 所示的指令选择框。

b. 选择指令类型，如选择"I/O指令"，界面切换至 I/O 指令的编辑对话框，如图 2-22 所示。

c. 该编辑界面即为行内编辑的界面，编辑完成后点击确认即可完成上行插入操作。

10. 替换位置

若当前行含有位置变量 P 或者位置寄存器 PR，且位置号都是直接寻址的（即为"P[常量]"或"PR[常量]"），长按当前行时，替换位置菜单颜色变为可操作，即可以对当前行的位置信息进行替换。

将当前指令中的位置变量替换为机器人当前位置值，选中后会弹出确认对话框，如图 2-23 所示。

11. 修改位置

若当前行含有位置变量 P 或者位置寄存器 PR，且位置号都是直接寻址的（即为"P

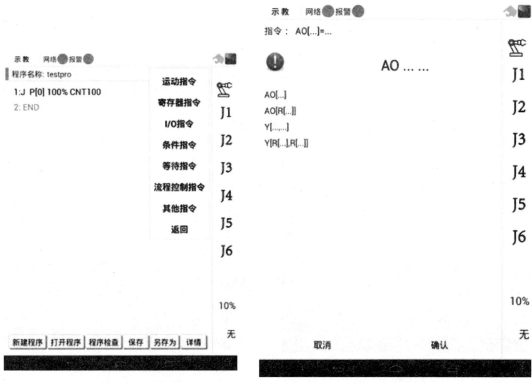

图 2-21 指令类型选择界面

图 2-22 选择指令

图 2-23 替换位置确认对话框

［常量］"或"PR［常量］"），长按当前行时，修改位置菜单颜色变为可操作，即可以对当前行的位置信息进行查看或修改。

如本例位置号为常量"0"，即可对位置信息进行查看和修改，在弹出的操作菜单中选择"修改位置"，弹出如图 2-24 所示的对话框。

（1）直接修改坐标值。点击右侧位置显示区域的坐标值，在弹出的对话框中输入想要修改的值，确认即可。

（2）刷新为当前坐标值。点击"点击确认刷新坐标"，即可将坐标值刷新为当前机器人的位置值。刷新后，该按钮会消失，如图 2-25 所示。

（3）更改坐标类型。刷新坐标值后，可以更改坐标类型，更改之后坐标值会刷新为当前坐标值，如图 2-26 所示。

（4）其他参数修改。通过点击按钮弹出对话框进行修改。

（5）点击确认，则所有更改生效；点击取消，则放弃所有更改。

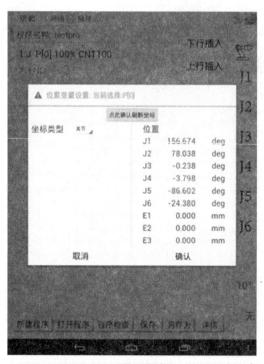

图 2-24　修改位置对话框

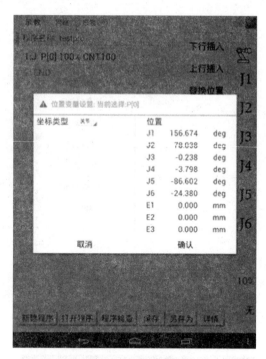

图 2-25　刷新坐标值

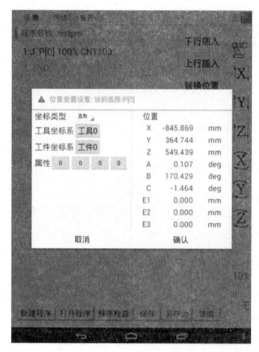

图 2-26　更改坐标类型

12. 编辑本行

编辑当前行，相当于短按。

13. 删除

删除当前选择的行。

14. 复制

复制当前行的内容到剪切板。

15. 剪切

复制当前行的内容到剪切板，并删除当前行。

16. 粘贴

当前行后移，将粘贴板上的行信息粘贴为当前行。

 任务实施

工业机器人示教器操作步骤：

（1）观察示教器面板，了解示教器面板功能。

（2）机器人通电，观看并了解机器人示教器面板信息。

（3）操作机器人示教器，实现工业机器人回零，选择机器人工件、工具坐标系，设置机器人倍率等。

（4）打开机器人程序，实现程序段的删除、编辑、保存等操作。

（5）完成工作计划表并交给指导老师验证。

 安排实训

1. 实训目的

（1）掌握工业机器人示教器面板的功能。

（2）掌握工业机器人面板操作。

2. 实训要求

（1）确保操作过程中的人身和设备安全。

（2）能对工业机器人示教器进行面板操作。

（3）能进行工业机器人示教器程序的建立和编辑操作。

3. 实训计划

分组实施，根据表 2-2 安排计划时间，并填写工作计划表。

表 2-2　　　　　　　　　　　　工作计划表

步骤	内容	计划时间	实际时间	完成情况
1	整个练习的工作计划			
2	示教器面板操作			
3	机器人倍率设置			
4	机器人坐标系选取			
5	机器人程序编辑			
6	成果展示			
7	成绩评估			

4. 设备及工具清单

根据实际需求，填写表 2-3 设备及工具清单。

表 2-3　　　　　　　　　　　　设备及工具清单

序号	物品名	规格	数量	备注
1	机器人本体			
2	示教器			

 小　　结

1. 通过示教器操作，进一步了解机器人示教器面板功能。

2. 掌握机器人示教器编程的界面操作。

 思考与练习

1. 机器人示教器面板都可以实现哪些操作？

2. 机器人编程的方法有哪些？

任务 2　机器人编程

任务介绍

　　某一工业机器人需要编写一段简单的程序对机器人的运行状况进行检查,本任务针对调试程序的需求对相关的指令做了详细介绍,从而熟悉调试程序的编写。

任务分析

　　机器人程序的编写需要在熟悉示教器操作的基础上,能够熟练地选取机器人的指令,从而实现机器人程序的编写。通过对机器人指令的学习实现在机器人排故和调试过程中编写简单的调试程序的目的。

相关知识

　　在机器人程序中,主要应用到的指令有运动指令、寄存器指令、I/O 指令、条件指令、等待指令、流程控制指令以及其他指令。我们将以上几种类型的指令做如下介绍。

　　1. 运动指令

　　运动指令类型包括三种:关节定位 (J)、直线定位 (L)、圆弧定位 (C)。

　　2. 寄存器指令

　　寄存器指令主要是在寄存器上完成算术运算。根据运算表达式左值的类型,可以将寄存器指令分为:R 寄存器指令、位置寄存器 PR [i] 指令及位置寄存器轴指令 PR [i, j]。寄存器指令支持的运算操作有:+、-、*、/、MOD (取商的余数,即小数点后的值)、DIV (取商的整数)。但对于位置寄存器只支持+、-两种运算操作。

　　寄存器指令支持多项式运算,但使用时请注意:单独一行最多 5 个运算符。本系统支持+、-、*、/、MOD、DIV 在一行中混合使用,MOD、DIV 属于同一级别,*、/属于同一级别,+、-属于同一级别,优先级别划分为:MOD、DIV 优先级高于 *、/;*、/优先级高于+、-;同一级别下,优先级从左到右,即左边高于右边。

　　在实际的示教编程中,如果想要取消后面的多项式,如:

　　示例 1:R [2]=R [3]-R [4]+R [5]-R [6]

　　示例 1 中,若要取消"+R [5]-R [6]",选中"+"运算,在运算符 (如+、-、*、/都是运算符) 的输入选择窗口中选择"<cr>",即可清除选中运算符后面的所有表达式,即"+R [5]-R [6]"。

　　注:对于使用工件 (或工具) 坐标系作为右值的位置寄存器 PR 指令,只能进行直接赋值运算,不能进行+、-、*、/等多项式运算。

　　3. I/O 指令

　　I/O 指令用于数字输入/输出 (DI/DO),或模拟量输入/输出 (AI/AO)。主要是一些赋值语句。

　　4. 条件指令

　　条件指令由 IF 开头,用于比较判断是否满足条件,若满足则执行后面的 JMP 或 CALL 指令。支持的比较运算符有:>、>=、=、<=、<、<>,还可以使用逻辑与

（AND）和逻辑或（OR）指令对这些条件语句进行运算。

在条件指令使用时，请注意以下几点：

（1）对于寄存器（R）、模拟量输入/输出及组输入/输出比较指令，可使用全部比较符，但数字量的输入/输出比较时，只能使用＝和＜＞。

（2）可使用逻辑与（AND）和逻辑或（OR）指令，每行中允许最多使用 5 个，但不允许同时使用 AND 和 OR。

5. 等待指令

机器人控制系统的等待指令包括两种：指定时间等待指令和条件等待指令。"WAIT…sec"为指定时间等待指令，其余的是条件等待指令。

注：条件等待指令中的条件比较项也可进行 AND、OR 运算，添加和设置的操作方法与条件指令相同。

6. 流程控制指令

机器人控制系统支持三种流程控制指令，分别为标签指令（LBL）、程序结束指令（END）和无条件分支指令，其中无条件分支指令包括跳转指令（JMP LBL）和程序调用指令（CALL）。

程序结束指令（END）是在程序创建初期就已默认添加的指令，表示程序已经结束，用户无须手动添加。在菜单中选择"流程控制"，示教界面显示流程控制指令的选择窗口。

7. 其他指令

机器人控制系统支持的其他指令包括：坐标系指令、用户报警指令、信息指令、注释指令、倍率指令和预读指令。在菜单树中选择"其他指令"，示教界面将显示其他指令的选择窗口。

（1）坐标系指令。坐标系指令包括设置和选择两种：

1）坐标系设置：UTOOL [i]＝…，UFRAME [i]＝…，其中"i"为常量或寄存器 R，"…"为位置寄存器"PR"。

2）坐标系选择：UTOOL_NUM＝…，UFRAME_NUM＝…，其中"…"为常量或寄存器 R。

（2）用户报警指令。UALM [i]：显示警报信息，并中止程序的运行。报警信息在界面设置，i 指定报警信息的序号（从 9000 到 9099），可为常量或寄存器 R。

注：若为直接寻址，即输入数据为报警号时，其取值范围为 9000 到 9099，不在此范围输入无效。若为间接寻址，即输入数据为寄存器号时，其取值范围为 0 到 199，不在此范围输入无效。

（3）信息指令。信息指令用于在界面上弹出提示信息，格式为：MESSAGE […]，表示在界面上显示"…"指定的信息。

注：信息内容的长度限制为 24 个字符（包括字母、符号和数字），超出这个长度，输入无效。

（4）注释指令。由注释符"!"指定，表示"!"后面的字符为注释，不参与程序运行。在指令选择窗口中为"COMMENT"，在程序指令中表现为"!"。

注：信息内容的长度限制为 32 个字符（包括字母、符号和数字），超出这个长度，输入无效。

（5）倍率指令。倍率指令用于改变进给速度倍率，其格式为：OVERRIDE＝…，其中"…"可为常量或寄存器 R，倍率的范围是 1％～100％。

注：若为直接寻址，即输入数据为倍率值时，其取值范围为 1～200，不在此范围输入无效。若为间接寻址，即输入数据为寄存器号，其取值范围为 0～199，不在此范围输入无效。

任务实施

工业机器人编程操作步骤如下所示。

1. 机器人状态检查

（1）检查机器人并在机器人末端安装工具，然后检查安装是否牢靠。

（2）机器人通电，解除示教器、电源急停操作。

（3）机器人示教器回零，检查机器人有无报警信息，如有报警信息则解除报警，如无则进行下步操作。

2. 机器人桃心图形轨迹编程

（1）合理选择机器人工件、工具坐标系、运行倍率。

（2）将桃心图形模板放置于工件台上，并固定其位置。

（3）寻找图形点位，并用大头笔标记，以备机器人点位标定使用。

（4）新建一个程序，程序名称需全部用英文或者数字（中文不可识别），并打开到程序的编辑界面。

（5）手动操作机器人示教器，合理选择机器人运行轨迹指令，将机器人末端执行器的末端运行到图形模板标记的点位处，编辑机器人程序并替换当前位置。

（6）按照以上方法，依次手动运行机器人，合理选择运行指令，将模板图形上标注的点一一标定（即替换当前位置坐标），直到所有点标定完为止。

2. 程序检查

系统支持对编写的程序进行语法检查，若程序有语法错误，提示报警号、出错程序及错误行号。若程序没有错误，提示程序检查完成。

在运行新编写的程序之前，应先执行程序检查，以保证程序的正常运行。

3. 程序保存

点击【菜单】键，选择"保存"，提示保存成功，操作完成。同时该程序会自动在自动界面进行加载。

4. 机器人运行

（1）在机器人初始界面中，将机器人坐标全部回零。

（2）在示教器中点击加载，查找到新编辑的程序名称，载入到运行界面，检查并调节机器人运行倍率，确保机器人运行的安全，然后点击自动运行，检查编写的机器人运行轨迹与桃心图形模板是否一致，如一致则程序编辑完成，如不一致应找到问题所在并进行修改，然后再次运行进行验证。

安排实训

1. 实训目的

（1）掌握工业机器人简单指令的选择。

（2）掌握工业机器人轨迹标定。

（3）熟悉机器人坐标系选择。

2．实训要求

（1）确保操作过程中的人身和设备安全。

（2）能对工业机器人程序进行编写。

（3）能运行工业机器人程序。

3．实训计划

分组实施，根据表 2-4 安排计划时间，并填写工作计划表。

表 2-4　　　　　　　　　　　　　工作计划表

步骤	内容	计划时间	实际时间	完成情况
1	整个练习的工作计划			
2	机器人末端工具安装			
3	桃心图形模板安装			
4	桃心图形模板点位标注			
5	机器人程序编写及运行轨迹标定			
6	机器人程序验证			
7	成果展示			
8	成绩评估			

4．设备及工具清单

根据实际需求，填写表 2-5 设备及工具清单。

表 2-5　　　　　　　　　　　　　设备及工具清单

序号	物品名	规格	数量	备注
1	工业机器人实训台			
2	桃心图形模板			
3	白板笔			

 小　　结

1．通过机器人编程操作，熟悉机器人指令的选取和坐标点位标定方法。

2．通过机器人程序的验证，掌握机器人程序的运行方法。

 思考与练习

1．请思考如何通过示教器编程方法编写 3×3 工件的码垛。

2．机器人编程方法有几种？分别是什么？

项目3 工业机器人结构分析

教学目标

1. 了解工业机器人的机械结构。
2. 掌握工业机器人主要传动部件的结构和原理。
3. 熟悉工业伺服驱动方式和驱动原理。
4. 熟悉传感检测技术在工业机器人中的应用。
5. 了解气动技术在机器人末端执行器中的应用。

项目概述

工业机器人的结构分析是机器人机械拆装的理论基础，本项目以华数 HSR-JR608 型六轴关节机器人为例，讲解了六轴关节机器人的传动系统、驱动系统、传感检测和气动技术的应用和工作原理，使学生了解工业机器人的结构理论体系。

引导案例

机器人在安装之前需要辨别机器人主要的零部件和结构原理，为机器人顺利地组装提供相应的知识储备。本次案例以华数 HSR-JR608 型六轴关节机器人为背景，重点解决华数 HSR-JR608 型六轴关节机器人安装需要的零部件的工作原理和应用，从而达到辨别机器人零部件和熟悉其工作原理的目的。

任务 1 工业机器人机械结构分析

任务介绍

华数 HSR-JR608 型六轴关节机器人在安装前需要将机械零部件从零件库中领取出来，分类摆放至需安装的部位，从而完成机器人装配前的准备工作。本次任务重点介绍关节机器人的分类，关节自由度的运行分析和机器人结构组成。

任务分析

关节机器人的安装需要了解机器人的工作原理和结构组成，通过本次任务的学习，为实现机器人安装提供必备的理论基础。

 相关知识

一、关节机器人

关节机器人（robot joints），也称关节手臂机器人或关节机械手臂，是当今工业领域中常见的工业机器人的形态之一，如图 3-1 所示。适合用于诸多工业领域的机械自动化作业，比如：自动装配、喷漆、搬运、焊接等工作。

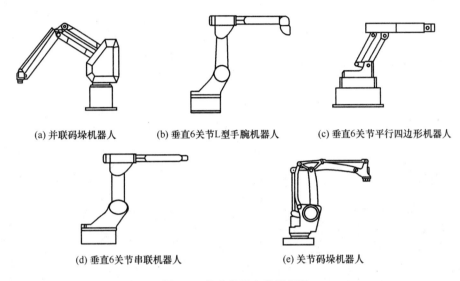

(a) 并联码垛机器人　　(b) 垂直6关节L型手腕机器人　　(c) 垂直6关节平行四边形机器人

(d) 垂直6关节串联机器人　　　　(e) 关节码垛机器人

图 3-1　关节机器人类型简图

1. 关节机器人的分类

关节机器人的摆动方向有铅垂方向和水平方向两种，因此这类机器人又可分为垂直关节机器人和水平关节机器人。

垂直关节机器人如图 3-2 所示，模拟了人类的手臂功能，由垂直于地面的腰部旋转轴（相当于大臂旋转的肩部旋转轴）带动小臂旋转的肘部旋转轴以及小臂前端的手腕等构成。如图 3-3 所示，手腕通常由 2～3 个自由度构成，其动作空间近似一个球体，所以也称多关节球面机器人。

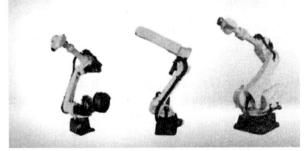

图 3-2　垂直关节机器人实物图

其优点是可以自由地实现三维空间的各种姿势，可以生成各种复杂形状的轨迹。相对机器人的安装面积其动作范围很宽。

缺点是结构刚度较低，动作的绝对位置精度较低。它广泛应用于代替人完成装配作业、货物搬运、电弧焊接、喷涂、点焊接等作业场合。

水平关节机器人如图 3-4 所示，在结构上具有串联配置的两个能够在水平面内旋转的

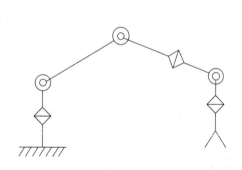

图 3-3　垂直关节机器人自由度

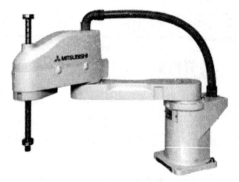

图 3-4　水平关节机器人实物图

手臂。如图 3-5 所示，其自由度可以根据用途选择 2～4 个，动作空间为一圆柱体，如图 3-6 所示。

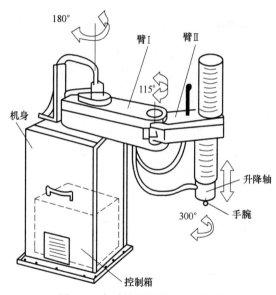

图 3-5　水平关节机器人运行分析

水平关节机器人的优点是在垂直方向上的刚性好，能方便地实现二维平面上的动作，在装配作业中得到普遍应用。

此外，还可以按照关节机器人的工作性质分类，可分为很多种，比如：搬运机器人，点焊机器人，弧焊机器人，喷漆机器人，激光切割机器人等。

2. 关节机器人的优缺点

（1）关节机器人的优点。

① 结构紧凑，工作范围大而安装占地面积小。

② 具有很高的可达性。关节坐标式机器人可以使其手部进入像汽车车身这样一个封闭的空间内进行

作业，而直角坐标式机器人不能进行此类作业。

③ 因为没有移动关节，所以不需要导轨。转动关节容易密封，由于轴承件是大量生产的标准件，则摩擦小、惯性小、可靠性好。

④ 所需关节驱动力矩小，能量消耗较小。

⑤ 代替很多不适合人力完成、有害身体健康的复杂工作。

（2）关节机器人的缺点。

① 肘关节和肩关节轴线是平行的，当大、小臂舒展成一直线时，虽能抵达很远的工作点，但机器人的结构刚度比较低。

② 机器人手部在工作范围边界上工作时有运动学上

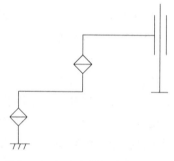

图 3-6　水平关节机器人自由度

的退化行为。

　　③ 价格高，导致初期投资的成本高。

二、六轴关节机器人结构分析

　　图 3-7 为常见的六轴关节机器人的机械结构，六个伺服电机直接通过减速器、同步带轮等驱动六个关节轴的旋转。六轴工业机器人一般有 6 个自由度，常见的六轴工业机器人包含旋转（S 轴）、下臂（L 轴）、上臂（U 轴）、手腕旋转（R 轴）、手腕摆动（B 轴）和手腕回转（T 轴）。6 个关节合成实现末端的自由度动作，完全能够确定空间中任一点的位置。J1 轴、J2 轴和 J3 轴确定机器人的位置，J4 轴、J5 轴和 J6 轴确定机器人的姿态。

　　六轴关节机器人的关节一至关节四的驱动电机为空心结构，

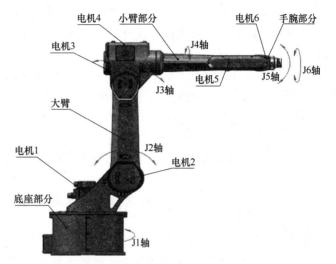

图 3-7　六轴关节机器人整体结构图

采用空心轴电机的优点是：机器人各种控制管线可以从电机中心直接穿过，无论关节轴怎么旋转，管线不会随着旋转，即使旋转，管线由于布置在旋转轴线上，所以具有最小的旋转半径。此种结构较好地解决了工业机器人的管线布局问题。对于工业机器人的机械结构设计来说，管线布局是难点之一，怎样合理地在狭小的机械臂空间中布置各种管线（六个电机的驱动线、编码器线、刹车线、气管、电磁阀控制线、传感器线等），使其不受关节轴旋转的影响，是一个值得深入考虑的问题。

　　●关节机器人自由度分析

　　三个可动关节的机器人将有 3 个轴，3 个自由度；四轴机器人将有 4 个可动关节和 4 个轴，并依此类推。为了完全定义对象在空间中的位置，至少有 6 个自由度，必须定义笛卡尔坐标系，或 X，Y 和 Z 的位置，它的方向，或滚动，或俯仰和偏航。

　　虽然这不是绝对的情况，取放设备和机器人应具有以下功能：

　　一轴——可以拿起一个对象，并沿直线移动。

　　两轴——可以捡起一个物体，抬起它，水平和垂直移动，并将其设置或呈现——一个 X/Y 平面上——不改变对象的方向。

　　三轴——可以捡起一个物体，抬起它，水平和垂直移动，并将其设置或呈现——触手可及的机器人在 X，Y，Z 空间的任何地方——在不改变对象的方向。

　　四轴——可以拿起一个对象，将其提起，水平移动，并将其设置或呈现——在 X，Y，Z 空间——改变对象的方向沿一轴（例如偏航）。

　　五轴——可以拿起一个对象，将其提起，水平移动，并将其设置——在 X，Y，Z 空间——改变对象的方向沿两个轴（例如偏航和俯仰）。

六轴——可以拿起一个对象，将其提起，水平移动，并将其设置——在 X，Y，Z 空间——改变对象的方向沿三个轴（偏航，俯仰和横滚）。

七轴——所有的六轴机器人的运动能力，随着能力的线性方向（通常为水平运动，从一个地方到另一个地方，机器人沿着轨道）。

因此六轴机器人具有较高的"行动自由度"。

六轴机器人的第一个关节能像四轴机器人一样在水平面自由旋转，后两个关节能在垂直平面移动。此外，六轴机器人有一个"手臂"，两个"腕"关节，这让它具有人类的手臂和手腕类似的能力。

六轴机器人更多的关节意味着它们可以拿起水平面上任意朝向的部件，以特殊的角度放入包装产品里。它们还可以执行许多由熟练工人才能完成的操作。

 小　　结

1. 通过关节机器人的分类，了解水平关节机器人和垂直关节机器人的运行区别和优缺点。

2. 通过关节机器人结构分析，掌握机器人主要部件和机器人的运行原理。

 思考与练习

1. 除关节机器人外，工业机器人还有哪些种类？

2. 关节机器人的自由度是否越多越好？为什么？

任务 2　工业机器人传动系统分析

 任务介绍

某一机器人在试运行的过程中出现了运行不畅的现象，经过检测发现 J5 和 J3 轴在运行的过程中伴随着"咔咔"的声响，本任务要求对机器人的传动系统做重点分析，以解决机器人所出现的故障。

 任务分析

机器人 J3 轴在试运行的过程中出现"咔咔"的声响很可能是同步带安装时其张紧力过大或过小所造成的，J5 轴运行过程中出现噪声很可能是减速器在安装过程中齿轮没有完全啮合。本任务重点介绍同步带传动、减速器、轴承等机器人传动系统中涉及的主要零部件的工作原理，同时对减速机的安装方法做了重点介绍。

 相关知识

一、同步带传动

啮合型带传动一般也称为同步带传动（图 3-8）。它通过传动带内表面上等距分布的横向齿和带轮上的相应齿槽的啮合来传递运动。

与摩擦型带传动比较，同步带传动的带轮和传动带之间没有相对滑动，能够保证严格的传动比，但同步带传动对中心距及其尺寸稳定性要求较高。

同步带传动具有带传动、链传动和齿轮传动的优点。同步带传动由于带与带轮是靠啮合传递运动和动力，故带与带轮之间无相对滑动，能保证准确的传动比。

同步带通常以钢丝绳或玻璃纤维绳为抗拉

图 3-8　同步带轮实物图

体，氯丁橡胶或聚氨酯为基体，这种带薄而且轻，故可用于较高速度。传动时的线速度可达 50m/s，传动比可达 10∶1，效率可达 98％。传动噪声比带传动、链传动和齿轮传动小，耐磨性好，不需油润滑，寿命比摩擦带长，其主要缺点是制造和安装精度要求较高，中心距要求较严格。所以同步带广泛应用于要求传动比准确的中、小功率传动中。

1. 同步带轮优点

同步带轮传动是由一根内周表面设有等间距齿的封闭环形胶带和相应的带轮所组成。运动时，带齿与带轮的齿槽相啮合传递运动和动力，是一种啮合传动，因而具有齿轮传动、链传动和平带传动的各种优点。

同步带按材质可分为氯丁橡胶加纤维绳同步带，聚氨酯加钢丝同步带，按齿的形状目前主要分为梯形齿和圆弧齿两大类，按带齿的排布面又可分为单面齿同步带和双面齿同步带。同步带传动具有准确的传动比，无滑差，可精密传动，传动平稳，能吸振，噪声小，传动比范围大，一般可达 10∶1，允许线速度可达 50m/s，传动效率高，一般可达 98％～99％。传递功率从几瓦到数百千瓦。结构紧凑还适用于多轴传动，张紧力小，不需润滑，无污染，因而可在不允许有污染和工作环境较为恶劣的场合下正常工作。

由于结构设计问题，需要采用远距离传动，而同步带传动克服了皮带传动的传动比不准确的特点，故此在机器人结构设计中应用十分广泛。该同步带轮安装在 J4 轴伺服电机输出轴上，周向通过普通平键固定，轴向通过侧面紧定螺钉固定。另外，另一个同步带轮在电机座内部，安装在小臂轴套上，后续会讲解到。因此，在该同步带轮附近，电机座有一长方形的开口，用于放置同步带。

同步带传动的类型主要有梯形齿同步带传动和圆弧齿同步带传动，可允许在有污染和工作环境较为恶劣的场合下工作。广泛应用于汽车、纺织、印刷包装设备、缝制设备、办公设备、激光雕刻设备、烟草、金融机具、舞台灯光、通信、食品机械、医疗机械、钢铁机械、石油化工、仪器仪表、各种精密机床等领域。

2. 同步带装配要求

（1）装配带轮时，两轮的中心线必须保持平行，同时应保证带轮在轴上没有歪斜和跳动。

（2）两轮的中间平面或两轮对应轮槽必须在同一平面内。

（3）带轮工作表面的粗糙度要达到图样要求。

（4）带在带轮上的包角不能太小，一般不能小于 120°。

（5）传动带的张紧力要适当。

（6）同一带轮上的几根胶带的实际长度要求一致，新旧胶带不允许混用。

二、减速器

减速器（又称减速机、减速箱）是一种独立的传动装置。它由密闭的箱体、相互啮合的一对或几对齿轮（或蜗轮蜗杆）、传动轴及轴承等组成。常安装在电动机（或其他原动机）与工作机之间，起降低转速和增大转矩的作用。

（一）减速器的特点

减速器的特点是结构紧凑，传递功率范围大、工作可靠、寿命长、效率较高，使用和维护简单、应用非常广泛。它的主要参数已经标准化，并由专门工厂进行生产。一般情况下，按工作要求，根据传动比、输入轴功率和转速、载荷工况等，可选用标准减速器，必要时也可自行设计制造。

（二）减速器的分类

减速器的类别、品种、形式很多，目前已制定为行（国）标的减速器有四十余种。减速器的类别可根据所采用的传动原理、齿轮齿形、齿廓曲线来进行划分；减速器的形式是在基本结构的基础上，根据齿面硬度、传动级数、装配形式、安装形式、连接形式等因素而设计的。

减速器按传动原理可分为普通减速器和行星减速器两大类。普通减速器的类型很多，一般可分为圆柱齿轮减速器、锥齿轮减速器、蜗杆减速器，以及齿轮-蜗轮减速器等。按照减速器的级数不同，又分为单级、两级和三级减速器。

1. J4 轴谐波减速器

由于 J4 轴已经靠近机器人手臂末端，承载量不算很大，并且谐波减速器相对于 RV 减速器，在同传动比的条件下，谐波减速器体积小、经济，该机器人在 J4 轴采用谐波减速器。另外，该型号的机器人 J5、J6 轴均采用谐波减速器。该谐波减速器通过 12 颗螺钉安装在电机座上。

谐波减速器是一种由固定的内齿刚轮、柔轮和使柔轮发生径向变形的波发生器组成的减速器，具有高精度、高承载力等优点，和普通减速器相比，由于使用的材料要少 50%，其体积和重量至少减少 1/3。

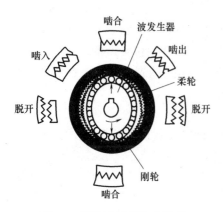

图 3-9　谐波减速器传动原理

（1）谐波减速器传动原理。谐波传动是利用柔性元件可控的弹性变形来传递运动和动力的。

谐波传动包括三个基本构件：波发生器、柔轮、刚轮。三个构件可任意固定一个，其余两个一个为主动、一个为从动，可实现减速或增速（固定传动比），也可变换成两个输入、一个输出，组成差动传动，其原理如图 3-9 所示。

当刚轮固定，波发生器为主动件，柔轮为从动件时：柔轮在椭圆凸轮作用下产生变形，在波发生器长轴两端处的柔轮轮齿与刚轮轮齿完全啮合；在短轴两端处的柔轮轮齿与刚轮轮齿完全脱开；在波发生器长轴与短轴的区间，柔轮轮齿与刚轮轮齿有的处于半啮合状态，称为啮入，有的则逐渐退出啮合，处于半脱开状态，称为啮出。由于波发生器的连续转动，使得啮入、完全啮合、啮出、完全脱开这四种情况依次变化，不断循环。由于柔轮比刚轮的齿数少 2，所以当波发生器转动一周时，柔轮向相反方向转过两个齿的角度，从而可实现大的减速比。

（2）谐波减速器的优、缺点。

① 优点。

a. 结构简单，体积小，重量轻。

b. 传动比大，传动比范围广。单级谐波减速器传动比可在 50～300，双级谐波减速器传动比可在 3000～60000，复波谐波减速器传动比可在 100～140000。

c. 由于同时啮合的齿数多，齿面相对滑动速度低使其承载能力高，传动平稳且精度高，噪声低。

d. 谐波齿轮传动的回差较小，齿侧间隙可以调整，甚至可实现零侧隙传动。

e. 在采用如电磁波发生器或圆盘波发生器等结构时，可获得较小转动惯量。

f. 谐波齿轮传动还可以向密封空间传递运动和动力，采用密封柔轮谐波传动减速装置，可以驱动工作在高真空、有腐蚀性及其他有害介质空间的机构。

g. 传动效率较高，且在传动比很大的情况下，仍具有较高的效率。

② 缺点。

a. 柔轮周期性变形，工作情况恶劣，从而易于发生疲劳损坏。

b. 柔轮和波发生器的制造难度较大，需要专门设备，给单件生产和维修造成困难。

c. 传动比的下限值高，齿数不能太少，当波发生器为主动件时，传动比一般不能小于 35。

d. 启动力矩大。

2. RV 减速机（图 3-10）

德国人劳伦兹·勃朗于 1926 年创造性地提出了一种少齿差行星传动机构，它是用外摆线作为齿廓曲线的，这就是最早期的针摆行星传动，由于两个啮合齿轮其中之一采用了针轮的形式，这种传动也被称作摆线针轮行星齿轮传动。

RV 传动作为一种全新的传动方式，它是在传统针摆行星传动的基础上发展出来的，不仅克服了一般针摆传动的缺点，而且具有体积小、重量轻、传动比范围大、寿命长、精度保持稳定、效率高、传动平稳等一系列优点。

（1）RV 减速机工作原理。如图 3-11所示，渐开线行星轮 2 与曲柄轴 3 连成一体，作为摆线针轮传动部分的输入。如果渐开线中心轮 1 顺时针方向旋转，那么渐开线行星轮 2 在公转的同时逆时针自转，并通过曲柄轴 3 带动摆线轮 4 做偏心运动，

图 3-10　RV 减速机实物图

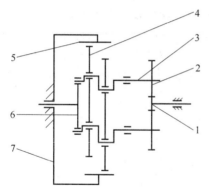

图 3-11 RV 减速机传动简图

1—渐开线中心轮 2—渐开线行星轮 3—曲柄轴

4—摆线轮 5—针齿 6—输出盘 7—针齿壳

此时摆线轮 4 在其轴线公转的同时，还将在针齿 5 的作用下反向自转，即顺时针转动。同时通过曲柄轴 3 将摆线轮 4 的转动等速传给输出机构。

RV 减速机结构如图 3-12 所示。

输入齿轮轴：输入齿轮轴用来传递输入功率，且与渐开线行星轮相互啮合。

行星轮（正齿轮）：它与曲轴固联，两个或三个行星轮均匀分布在一个圆周上，起功率分流作用，即将输入功率分成几路传递给摆线针机构。

RV 齿轮：为了实现径向力的平衡，一般采用两个完全相同的摆线针轮。

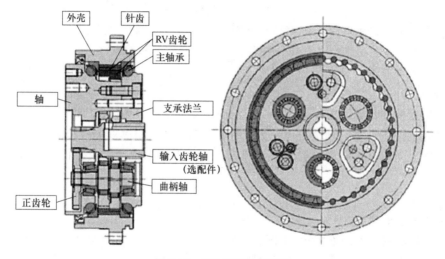

图 3-12 RV 减速机结构图

针齿：针齿与机架固联在一起形成针轮壳体。

刚性盘与输出盘：输出盘是 RV 减速机与外界从动机相连接的构件，输出盘和刚性盘相连接成为一个整体，输出运动或者动力。

（2）传动特点。RV 传动作为一种新型传动，其基本特点可以概括如下：

① 如果传动机构置于行星架的支承主轴承内，那么这种传动装置的轴向尺寸可大大缩小。

② 采用二级减速机构，处于低速级的摆线针轮行星传动更加平稳，同时由于转臂轴承个数增多且内外环相对转速下降，其寿命也可大大提高。

③ 只要设计合理，就可以获得很高的运动精度和很小的回差。

④ RV 传动的输出机构采用两端支承的尽可能大的刚性圆盘，比一般摆线减速器的输出机构具有更大的刚度，且抗冲击性能也有很大提高。

⑤ 传动比范围大。因为即使摆线轮齿数不变，只改变渐开线齿轮齿数就可以得到多

种传动比。其传动比 $i=31\sim171$。

⑥ 传动效率高，其传动效率 $\eta=0.85\sim0.92$。

RV 减速器结构紧凑，传递功率范围大，工作可靠，寿命长，效率高，使用和维护简单。它通过 6 颗螺钉与旋转台连接，通过 16 颗螺钉与连接法兰固接。在其与法兰盘孔轴配合处，安装有密封圈，防止润滑脂的渗漏。

三、滚珠丝杠

滚珠丝杠由螺杆、螺母、钢球、预压片、反向器、防尘器组成。它的功能是将旋转运动转化成直线运动，这是艾克姆螺杆的进一步延伸和发展，这项发展的重要意义就是将运动副之间的相对滑动转变成了滚动，从而大大提高了机械传动效率和精度，是将旋转运动转化为直线运动的理想物品。

滚珠丝杠是工具机械和精密机械上最常用的传动元件，其主要功能是将旋转运动转换成线性运动，或将扭矩转换成轴向反复作用力，同时也具有高精度、可逆性和高效率的特点。由于具有很小的摩擦阻力，滚珠丝杠被广泛应用于各种工业设备和精密仪器。滚珠丝杠的实物如图 3-13 所示。

（一）滚珠丝杠的分类

滚珠丝杠是由丝杠、螺母、循环系统及钢珠构成的。按滚珠循环方式的不同，滚珠丝杠可分为外循环式滚珠丝杠、内循环式滚珠丝杠和端盖式滚珠丝杠三种。

1. 外循环式滚珠丝杠

外循环式滚珠丝杠由丝杠、螺母、钢珠、弯管、固定块及刮刷器组成。钢珠介于丝杠与螺母之间，钢珠的

图 3-13 滚珠丝杠

循环是经由弯管的连接而得以在螺母上回流，而弯管则装在螺母的外部，故此种形态称为外循环式。弯管为钢珠的回流道，使钢珠的运动路径成为一条封闭的循环管路，固定块固定弯管左右的位置。刮刷器在螺母的两侧最外端，起到密封的作用，防止粉尘及切屑进入钢珠的循环路径。

2. 内循环式滚珠丝杠

内循环式滚珠丝杠由丝杠、螺母、钢珠、回流弯管及刮刷器组成。钢珠采用单圈循环，以回流弯管跨越两相连钢珠连接槽，构成一个单一循环回流路径。由于回流弯管组装在螺帽内部，故此种形态称为内循环式。弯管为钢珠的回流道，使钢珠的运动路径成为一条封闭的循环管路。

3. 端盖式滚珠丝杠

端盖式滚珠丝杠由丝杠、螺母、钢珠及端盖组成，钢珠介于螺杆与螺母之间，钢珠经由端盖和螺母上所加工的管穿孔做回流。此设计可以使钢珠行至于螺母的前后两端，故此种形态称为端盖循环式。

（二）滚珠丝杠的工作原理

当滚珠丝杠作为主动体时，螺母就会随丝杠的转动角度，按照对应规格的导程转化成

直线运动，被动工件可以通过螺母座和螺母连接，从而实现对应的直线运动。

（三）滚珠丝杠的特点

1. 摩擦损失小、传动效率高

由于滚珠丝杠副的丝杠轴与丝杠螺母之间有很多滚珠在做滚动运动，所以能得到较高的运动效率。与过去的滑动丝杠副相比，驱动力矩达到同样运动结果所需的动力为使用滑动丝杠副的 1/3。

2. 精度高

滚珠丝杠一般是用世界最高水平的机械设备生产出来的，特别是在研削、组装、检查等各工序中，对环境温度、湿度进行了严格的控制，完善的品质管理体制使其精度得到了充分的保证。

3. 高速进给和微进给

滚珠丝杠由于是利用滚珠来进行运动的，所以启动力矩极小，不会出现爬行现象，能保证实现精确的微进给。

4. 轴向刚度高

滚珠丝杠可以加以预压力，由于预压力可使轴向间隙达到负值，进而得到较高的刚度（滚珠丝杠内通过给滚珠加以压力，在实际用于机械装置等时，滚珠的斥力可使丝杠螺母部分的刚度提高）。

5. 效率高

滚珠丝杠的运转是靠螺母内的钢珠做滚动运动来实现的，比传统丝杠有更高的效率，所需的扭矩不到传统丝杠的 1/3，所以可轻易地将回转运动转换为直线运动。

6. 无间隙与高刚度

滚珠丝杠采用歌德式沟槽形状，钢珠与沟槽能有最佳接触，运转顺畅。若加入适当的预压力，消除轴向间隙，可使滚珠丝杠有更佳的刚度，减少滚珠和螺母、丝杠间的弹性变形，达到更高的精度。

7. 不能自锁，具有传动的可逆性

滚珠丝杠传动效率高、摩擦小，摩擦角小于滚珠丝杠的螺旋角，因而不能自锁。

四、轴承

1. 滚动轴承的构造

如图 3-14 所示，滚动轴承由外圈 1、内圈 2、滚动体 3 和保持架 4 组成。通常内圈固定在轴上随轴转动，外圈装在轴承座孔内不动；但亦有外圈转动、内圈不动的使用情况。滚动体在内、外圈的滚道中滚动。保持架将滚动体均匀隔开，使其沿圆周均匀分布，减小滚动体之间的摩擦和磨损。滚动轴承的构造中，有的无外圈或内圈，有的无保持架，但不能没有滚动体。

滚动体的形状有球形、圆柱形、圆锥形、鼓形、滚针形等多种（图 3-15）。滚动轴承的外圈、内圈、滚动体均采用强度高、耐磨性好的铬锰高碳钢制造。保持架多用低碳钢或铜合金制造，也可采用塑料及其他材料。

2. 滚动轴承的主要类型及其选择

按轴承所能承受的外载荷不同，可将轴承分为向心轴承、推力轴承和向心推力轴承三

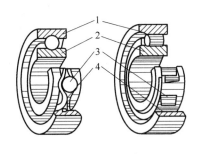

图 3-14　滚动轴承的构造

1—外圈　2—内圈

3—滚动体　4—保持架

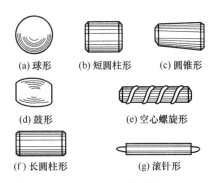

(a) 球形　　(b) 短圆柱形　　(c) 圆锥形

(d) 鼓形　　　　(e) 空心螺旋形

(f) 长圆柱形　　　　(g) 滚针形

图 3-15　滚动体形状

大类。

滚动体和外圈接触处的法线 nn 与轴承的径向平面（垂直于轴承轴心线的平面）的夹角 α（图 3-16），称为接触角。α 越大，轴承承受轴向载荷的能力越大。公称接触角 $\alpha = 0°$ 为向心轴承，主要承受径向载荷。公称接触角 $\alpha = 90°$ 为推力轴承，只能承受轴向载荷。公称接触角 $0° < \alpha < 90°$ 为向心推力轴承，可同时承受径向载荷和轴向载荷。

按滚动体形状的不同，又可将轴承分为球轴承和滚子轴承。在外廓尺寸相同的条件下，滚子轴承比球轴承承载能力高。

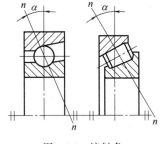

图 3-16　接触角

常用滚动轴承种类和特点见表 3-1。

表 3-1　　　　　　　　　　　　　常用滚动轴承类型及特点

类型及代号	结构简图	特　点	极限转速	允许偏移角
深沟球轴承		典型的滚动轴承，用途广 可以承受径向及两个方向的轴向载荷 摩擦阻力小，适用于高速和有低噪声，低振动的场合	高	2°～10°
角接触球轴承		可以承受径向及单方向的轴向载荷 一般将两个轴承面对面安装，用于承受两个方向的轴向载荷	较高	2°～10°
圆锥滚子轴承		内外圈可分离 可以承受径向及单方向的轴向载荷，承载能力大 成对安装，可以承受两个方向的轴向载荷	中等	2°

续表

类型及代号	结构简图	特 点	极限转速	允许偏移角
圆柱滚子轴承		承载能力大 可以承受径向载荷,刚性好 内外圈可分离	高	2°～4°
推力球轴承		可以承受单方向的轴向载荷 高速时离心力大	低	不允许
调心球轴承		具有调心能力 可以承受径向及两个方向的轴向载荷	中等	2°～3°
调心滚子轴承		具有调心能力 可以承受径向及两个方向的轴向载荷,径向承载能力强	低	1°～2.5°

滚动轴承的类型选择应考虑多种因素,如轴承所受载荷的大小、方向和性质,转速的高低,装调性能,调心性能等,同时也必须考虑价格及经济性。

五、滚动轴承的代号

滚动轴承的代号是表示其结构、尺寸、公差等级和技术性能等特征的产品符号,由字母和数字组成。按 GB/T 272—1993 的规定,轴承代号由基本代号、前置代号和后置代号构成,其排列见表3-2。

表 3-2   **轴承代号的构成**

	轴承代号											
前置 代号	基本代号					后置代号						
	1	2	3	4	5	1	2	3	4	5	6	7	8
成套轴承分部件	类型代号	尺寸系列代号		内径代号		内部结构	密封、防尘与外部形状变化	保持架及其材料	轴承材料	公差等级	游隙	配置	其他
		宽度系列代号	直径系列代号										

基本代号表示轴承的基本类型、结构和尺寸,是轴承代号的基础,其中类型代号用数字或字母表示,其余用数字表示,最多有 7 位数字或字母。

内径代号表示轴承的内径尺寸。当轴承内径在 20～480mm 时，内径代号乘以 5 即为轴承公称内径；对内径不在此范围的轴承，内径表示方法另有规定，可参看轴承手册。

直径系列代号表示内径相同的同类轴承有几种不同的外径。

宽度系列代号表示内、外径相同的同类轴承宽度的变化。

类型代号表示轴承的基本类型，其对应的轴承类型见表 3-1，其中 0 类可省去不写。

在后置代号中用字母和数字表示轴承的公差等级。按精度高低排列分为 2 级、4 级、5 级、6x 级、6 级和 0 级，分别用/P2，/P4，/P5，/P6x，P6 和/P0 表示，其中 2 级精度最高，0 级为普通级，在代号中省略。

有关前置代号和后置代号的其他内容可参阅有关轴承标准及专业资料。

●代号举例：

71908/P5 代号意义如下：7——轴承类型为角接触球轴承，1——宽度系列代号，9——直径系列代号，08——内径为 40mm，P5——公差等级为 5 级。

6204 代号意义如下：6——轴承类型为深沟球轴承，宽度系列代号为 0（省略），2——直径系列代号，04——内径为 20mm，公差等级为 0 级（公差等级代号/P0 省略）。

六、导轨

导轨又称滑轨、线性导轨、线性滑轨，用于直线往复运动场合，拥有比直线轴承更高的额定负载，同时可以承担一定的扭矩，可在高负载的情况下实现高精度的直线运动。在圆柱坐标机器人中，机器人的悬臂移动动力由滚珠丝杠来提供，而悬臂垂直运动方向的精度往往由导轨来保证，机器人的导轨通过螺钉与立柱连接。

线性滑轨是 1932 年法国专利局公布的一项专利。经过几十年的发展，越来越多地被数控机床、数控加工中心、精密电子机械和自动化设备所采用，逐渐成为国际通用的支承及传动装置。

近年来出现了一种新型的做相对往复直线运动的滚动支承，其直线导轨副一般由导轨、滑块、反向器、滚动体和保持器等组成，能以滑块和导轨间的钢球滚动来代替直接的滑动接触，并且滚动体可以借助反向器在滚道和滑块内实现无限循环。具有结构简单，动、静摩擦因数小，定位精度高，精度保持性好等优点。用于需要精确控制工作台行走平行度的直线往复运动场合的线性滑轨，又称精密滚动直线导轨副、滑轨、线性导轨、线性滑轨或滚动导轨。这种直线导轨拥有比直线轴承更高的额定负载，依靠导轨两侧两列或四列滚珠循环滚动来带动工作台按给定的方向做往复直线运动，如图 3-17 所示。

下面主要介绍 HIW1N HG 线性滑轨。

HIWIN HG 系列线性滑轨为四列式单圆弧刀型接触线性滑轨，比其他同类型的四列式线性滑轨提升 30% 以上的负载与刚

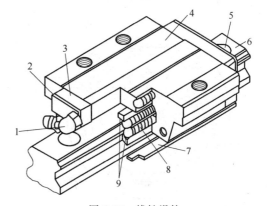

图 3-17 线性滑轨

1—油嘴 2—刮油片（双刮油片、金属刮板）

3—端盖 4—滑块 5—螺钉盖 6—导轨

7—防尘片 8—钢珠 9—钢珠保持器

度，具备四方向等负载特色及自动调心功能，可吸收安装面的装配误差，达到运动的高精度要求。

HG 系列线性滑轨特点如下。

1. 自动调心能力

安装时，来自圆弧沟槽的 DF（45°）组合，借钢珠的弹性变形及接触点的转移，即使安装面有些偏差，也能被线性滑轨滑块内部吸收，产生自动调心的效果，从而得到高精度稳定的平滑运动。

2. 具有互换性

由于制造精度高，线性导轨尺寸能维持在一定的水准内，且滑块有保持器的设计，以防止钢珠脱落。因此，部分系列具有可互换性：客户可依需要订购导轨或滑块，也可分开储存导轨及滑块，以减少储存空间。

3. 所有方向皆具有高刚度

运用四列式圆弧沟槽，配合四列钢珠等 45°的接触角度，让钢珠达到理想的两点接触构造。能承受来自上下和左右方向的负荷，在必要时更可施加预压力以提高刚度。

4. 润滑构造简单

线性滑轨已在滑块上装置油嘴，可直接以注油枪打入油脂，也可换上专用油管接头连接供油油管，以自动供油机润滑。

 任务实施

一、RV 减速机安装

1. 机器人精密减速机基本知识及拆装注意事项

在整个六轴机器人机械本体的拆装零部件中，减速机是其中最为核心和精密的机械部件。

本机器人拆装工作站的减速机主要为 RV 减速机和谐波减速机两种，两者均为高精密机械部件，拆卸和安装都需遵循标准规范而进行实训教学。

2. RV 减速机安装规程

（1）如图 3-18 所示，固定输出轴螺栓 M8（12.9 级），先将等边三角形带入螺栓，通过扭力扳手将等边三角形扭紧，扭力矩为 $[(37.2\pm1.86)\text{N}\cdot\text{m}]$。

（2）在安装上请务必使用液态密封胶（图 3-19），使用密封剂时注意密封剂的量。不要让密封剂太多流入减速机内部，也不要太少使得密封不良。

注：由于输出轴紧固用螺栓尺寸不同，请务必确认装配之后的各个螺栓是否按规定的转矩扭紧。

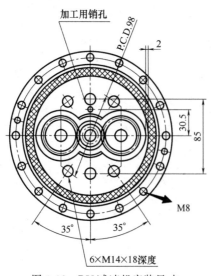

图 3-18 RV 减速机安装尺寸

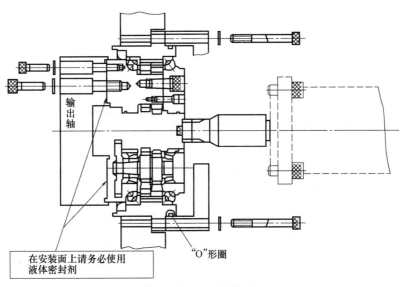

图 3-19　RV 减速机密封

（3）固定安装座螺栓 M14（12.9 级），先对角带入螺栓，通过扭力扳手对角扭紧，扭力矩为 ［（204.8±10.2）N·m］。

（4）安装输入齿轮（图 3-20）。

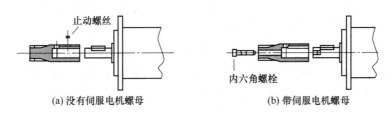

（a）没有伺服电机螺母　　　　　　　　　　　（b）带伺服电机螺母

图 3-20　RV 减速机输入齿轮

（5）装配 RV-40E 输入齿轮时要注意正齿轮是 2 枚。装配输入齿轮时请特别注意，输入齿轮要径直插入。与正齿轮的相位不相吻合时，请沿圆周方向稍稍变换角度插入，并确认电机法兰面是否不倾斜而紧密接触。此时严禁用螺栓等拧进。法兰面倾斜时，有可能造成图 3-21 所示的状态。

3. RV 减速机润滑

RV 减速机在出厂时未填充润滑脂，为了充分发挥 RV-E 型减速机的性能，建议使用 Nabtesco 公司制造的润滑脂 MolywhiteREOO。

（1）减速机内的润滑脂用量。显示减速机内所需的封入量，不含与安装侧之间的空间。因此，有空间时请将其填充。此外，过度填充可能会使内部气压升高、进而损坏油封，因此请确保占全部体积 10% 左右的空间。

（2）对角配置加排脂孔、填充润滑脂时从下方开始填充。润滑脂流动不畅时，转动输入齿轮让润滑剂均匀流动，并逐步填充腔体（1 轴：350mL；2 轴：295mL；3 轴：248mL）。

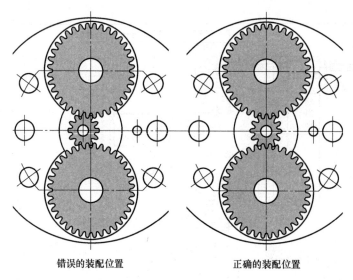

错误的装配位置　　　　　　　　正确的装配位置

图 3-21　装配错误影响

（3）减速机的润滑脂标准更换时间为 20000h。润滑剂更换时要注意步骤和初次一样。

更换润滑脂时要填充和排出同样的量，填充过多的话容易导致润滑脂泄漏，初次跑机 5h 后，需拧开紧固螺钉泄压。

注：加入油脂的时候，不要把灰尘和杂质灌入减速机内；严禁异物混入。

4. 注意事项

（1）关于 RV-E 型减速机，请使用内六角螺栓，按紧固转矩进行紧固。另外，使用输出轴销并用紧固型时，请并用销（锥形销）。另外，为了防止内六角螺栓的松动以及螺栓座面的擦伤，建议使用内六角螺栓用碟簧垫圈。

（2）相连接部件为钢、铸铁时，需要按照表 3-3 中的固定力数据使用。螺栓拧得不够紧的话会造成螺栓的松动以及损坏。螺栓拧得过紧的话，会造成螺纹座的损伤。固定螺栓时要对所有螺栓均匀施力。如使用铝等较软的金属材质时，防止螺纹座损伤，推荐加金属垫和螺纹套。

表 3-3　　　　　　　　　　　　各螺栓的规定固定转矩和固定力

螺栓规格	固定转矩/(N·m)	固定力/N
M5×0.8	9.01±0.49	9,310
M6×1.0	15.6±0.78	13,180
M8×1.25	37.2±1.86	23,960
M10×1.5	73.5±3.43	38,080
M12×U5	128.4±6.37	55,100
M14×2.0	204.8±10.2	75,860
M16×2.0	318.5±15.9	103,410

二、谐波减速机安装

1. 谐波减速机安装注意事项

（1）谐波减速机必须在足够清洁的环境下安装，安装过程中不能有任何异物进入减速机内部，以免使用过程中造成减速机的损坏。

（2）请确认减速机齿面及柔性轴承部分始终保持充分润滑。不建议齿面始终朝上使用，这样会影响润滑效果。

（3）安装凸轮后，请确认柔轮与刚轮啮合是180°对称的，如偏向一边会引起振动并使柔轮很快损坏。

（4）安装完成后请先低速（100r/min）运行，如有异常振动或响声，请即停止，以避免因安装不正确造成减速机的损坏。

2. 谐波减速机安装规程

六轴谐波减速机的安装如图3-22所示。

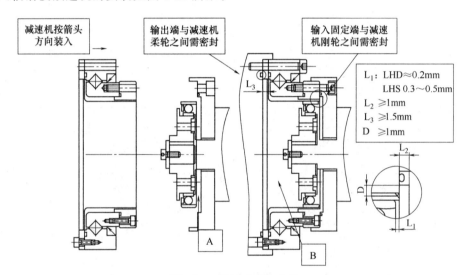

图3-22　谐波减速机安装

（1）在柔性轴承上均匀涂抹上润滑脂，A处腔体内注满润滑脂（请使用指定的润滑油蜡，勿随意更换油脂以免造成减速机的损坏），将波发生器装在输入端电机轴或连接轴上，用螺钉加平垫连接固定。

（2）先在柔轮内壁上均匀涂抹一层润滑脂，后将柔轮空间B处注入润滑脂，注入量大约为柔轮腔体的60%（请使用指定的润滑油脂，勿随意更换油脂以免造成减速机的损坏）。将减速机按图示方向装入，装入时波发生器长轴对准减速机柔轮的长轴方向，到位后用对应的螺钉将减速机固定，螺钉的预紧力矩为0.5（N·m）（表3-4）。

（3）将电机转速设定约100r/min，启动电机螺钉以十字交叉的方式锁紧，以4～5次均匀递增至螺钉对应的锁紧力。

所有连接固定的螺钉性能等级须为12.9级并须涂上乐泰243螺纹胶，以防止螺钉失效或在工作运行中松脱。

（4）与减速机连接固定的安装平面加工要求：平面度0.01mm，与轴线垂直度

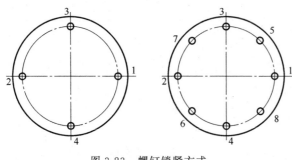

图 3-23　螺钉锁紧方式

0.01mm，螺纹孔或通孔与轴线同心度 0.1mm（图 3-23）。

注意：减速机使用时，如果在输出端始终水平朝下的情况下（不建议这样使用），柔轮内壁空间注入的润滑脂需超过啮合齿面（即 A 和 B 空间需注满油脂）。在选择油脂时需使用指定的润滑油脂，不能随意更换油脂以免造成减速机的损坏。减速机钢轮与输入端安装平面之间需采用静态密封，以保证减速机使用过程中油脂不会泄漏，避免减速机在少油或者无油时工作造成损坏（图 3-24）。

表 3-4　　　　　　　　　　　　　螺钉紧固力矩表

螺钉性能等级	12.9 级	螺钉性能等级	12.9 级
螺纹公称直径/mm	力矩/(N·m)	螺纹公称直径/mm	力矩/(N·m)
3	2	8	35
4	4	10	70
5	9	12	125
6	15		

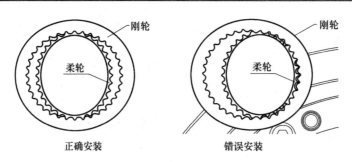

图 3-24　谐波减速机安装对比图

安排实训

1. 实训目的

（1）熟悉谐波减速机的安装方法。

（2）熟悉 RV 减速机的安装方法。

（3）了解谐波减速机和 RV 减速机的区别及其原理。

2. 实训要求

（1）确保操作过程中的人身和设备安全。

（2）减速机在安装的过程中应保证安装台的整洁，不可将杂物混入减速机内部。

（3）减速机的安装过程中螺栓的扭力应查表，按指定的扭力要求上紧。

3. 实训计划

分组实施，根据表 3-5 安排计划时间，并填写工作计划表。

表 3-5 工作计划表

步骤	内容	计划时间	实际时间	完成情况
1	整个练习的工作计划			
2	RV 减速机安装			
3	RV 减速机润滑			
4	谐波减速机安装			
5	谐波减速机安装调试			
6	成果展示			
7	成绩评估			

4. 设备及工具清单

根据实际需求，填写表 3-6 设备及工具清单。

表 3-6 设备及工具清单

序号	物品名	规格	数量	备注
1	RV 减速器			
2	谐波减速器			
3	改刀			
4	内六角扳手			
5	扭力扳手			

 小　结

1. 熟悉机器人常用传动部件的工作原理。
2. 掌握机器人常用传动部件选取及应用。
3. 熟悉机器人减速机的安装调试方法。

 思考与练习

1. 简述 RV 减速机和谐波减速机的主要区别。
2. 简述在机器人中选取同步带的目的。

任务 3　工业机器人驱动系统分析

 任务介绍

有一机器人由于是重新组装的，其伺服驱动参数为出厂默认设置。为了让机器人尽快地运行起来，需要根据机器人的运行属性调试伺服驱动器的参数，本任务介绍了工业机器人驱动系统中的伺服驱动器、编码器、伺服电机以及重载连接器的工作原理，同时介绍了伺服驱动器的参数设置方法。

任务分析

工业机器人的驱动系统主要采用了精度较好的伺服驱动电机，其运行需要伺服驱动器的控制，了解伺服驱动器的参数设置和编码器的工作原理对于理解伺服驱动电机的运行有很大的帮助。

 相关知识

一、伺服驱动器

伺服驱动器（servo drives）（图 3-25）又称为"伺服控制器""伺服放大器"，是用来控制伺服电机的一种控制器，其作用类似于变频器作用于普通交流马达，属于伺服系统的一部分，主要应用于高精度的定位系统。一般是通过位置、速度和力矩三种方式对伺服马达进行控制，实现高精度的传动系统定位。

图 3-25　伺服驱动器实物图

目前主流的伺服驱动器均采用数字信号处理器（DSP）作为控制核心，可以实现比较复杂的控制算法，实现数字化、网络化和智能化。功率器件普遍采用以智能功率模块（IPM）为核心设计的驱动电路，IPM 内部集成了驱动电路，同时具有过电压、过电流、过热、欠压等故障检测保护电路，在主回路中还加入软启动电路，以减小启动过程对驱动器的冲击。功率驱动单元首先通过三相全桥整流电路对输入的三相电或者市电进行整流，得到相应的直流电。经过整流好的三相电或市电，再通过三相正弦 PWM 电压型逆变器变频来驱动三相永磁式同步交流伺服电机。功率驱动单元的整个过程可以简单地说就是 AC—DC—AC 的过程。整流单元（AC—DC）主要的拓扑电路是三相全桥不控整流电路。

伺服驱动器控制按其结构可分成开环控制和闭环（半闭环）控制。如果详细分类，开环控制又可分为普通型和反馈补偿型，闭环（半闭环）控制也可分为普通型和反馈补偿型。

（1）反馈补偿型开环控制。开环系统的精度较低，这是由于伺服驱动器的步距误差、起停误差、机械系统的误差都会直接影响到定位精度。应采用补偿型进行改进，这种系统具有开环与闭环两者的优点，即具有开环的稳定性和闭环的精确性。不会因为机床的谐振频率、爬行、失动等引起系统振荡。反馈补偿型开环控制不需要间隙补偿和螺距补偿。

（2）闭环控制。由于开环控制的精度不能很好地满足机床的要求，为了提高伺服驱动器的控制精度，最根本的办法是采用闭环控制方式。即不但有前身控制通道，而且有检测输出的反馈通道，指令信号与反馈信号比较后得到偏差信号，形成以偏差控制的闭环控制系统。

（3）半闭环控制。对于闭环控制系统，合理的设计可以得到可靠的稳定性和很高的精度，但是直接测量工作台的位置信号需要用如光栅、有磁尺或直线感应同步器等安装、维护要求较高的位置检测装置。通过对传动轴或丝杠角位移的测量，可间接地获得位置输出量的等效反馈信号。由于这部分传动引起的误差不包含从旋转轴到工作台之间的传动链，因此这部分传动引起的误差不能被闭环系统自动补偿，所以称这种由等效反馈信号构成的闭环控制系统为半闭环伺服驱动器，这种控制方式称为半闭环控制方式。

（4）反馈补偿型的半闭环控制。这种伺服驱动器控制补偿原理与开环补偿系统相同，由旋转变压器和感应同步器组成的两套独立的测量系统均以鉴幅方式工作。该系统的缺点是成本高，要用两套检测系统，优点是比全闭环系统调整容易，稳定性好，适合用作高精度大型数控机床的进给驱动。

HSV-160U 系列伺服驱动单元是武汉华中数控股份有限公司推出的新一代全数字交流伺服驱动产品，主要应用于对精度和响应比较敏感的高性能数控领域。

HSV-160U 具有高速工业以太网总线接口，采用具有自主知识产权的 NCUC 总线协议，实现和数控装置高速的数据交换；具有高分辨率绝对式编码器接口，可以适配复合增量式、正余弦、全数字绝对式等多种信号类型的编码器，位置反馈分辨率最高达到 23 位。

HSV-160U 交流伺服驱动单元形成 20A，30A，50A，75A 共四种规格，功率回路最大功率输出最大达到 5.5kW，见表 3-7。

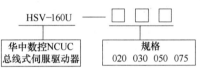

图 3-26 伺服驱动单元规格编号说明

伺服驱动单元规格编号说明，如图 3-26 所示。

表 3-7   HSV-160U 系列交流伺服驱动单元技术规格

驱动单元规格	连续电流/（A/30min）（有效值）	短时最大电流/（A/min）（有效值）	最大适配电机功率/kW
HSV-160U-020	6.9	10.4	1.5
HSV-160U-030	9.6	14.4	2.3
HSV-160U-050	16.8	25.2	3.8
HSV-160U-075	24.8	37.3	5.5

二、伺服编码器

编码器（encoder）是将信号（如比特流）或数据进行编制、转换为可用以通信、传输和存储的信号形式的设备。编码器把角位移或直线位移转换成电信号，前者称为码盘，后者称为码尺。按照读出方式编码器可以分为接触式和非接触式两种；按照工作原理编码器可分为增量式和绝对式两类。增量式编码器是将位移转换成周期性的电信号，再把这个电信号转变成计数脉冲，用脉冲的个数表示位移的大小。绝对式编码器的每一个位置对应一个确定的数字码，因此它的示值只与测量的起始和终止位置有关，而与测量的中间过程无关。

编码器主要由一个中心有轴的光电码盘、光电发射和接收器所组成，在光电码盘上有环形通、暗的刻线，光电发射和接收器件读取刻度，获得四组正弦波信号组合成 A、B、

C、D，每个正弦波相差 90°相位差（相对于一个周波为 360°），将 C、D 信号反向，叠加在 A、B 两相上，可增强稳定信号；另每转输出一个 Z 相脉冲以代表零位参考位。

由于 A、B 两相相差 90°，可通过比较 A 相在前还是 B 相在前，以判别编码器的正转与反转，通过零位脉冲，可获得编码器的零位参考位。

编码器码盘的材料有玻璃、金属、塑料，玻璃码盘是在玻璃上沉积很薄的刻线，其热稳定性好，精度高，金属码盘直接以通和不通刻线，不易碎，但由于金属有一定的厚度，精度就有限制，其热稳定性就要比玻璃的差一个数量级，塑料码盘是经济型的，其成本低，但精度、热稳定性、寿命均要差一些。

编码器以每旋转 360°提供多少的通或暗刻线称为分辨率，也称解析分度，或直接称多少线，一般在每转分度 5～10000 线。

编码器可按以下方式来分类。

1. 按码盘的刻孔方式分类

（1）增量型。就是每转过单位的角度就发出一个脉冲信号（也有发正余弦信号，然后对其进行细分，斩波出频率更高的脉冲），通常为 A 相、B 相、Z 相输出，A 相、B 相为相互延迟 1/4 周期的脉冲输出，根据延迟关系可以区别正反转，而且通过取 A 相、B 相的上升和下降沿可以进行 2 或 4 倍频；Z 相为单圈脉冲，即每圈发出一个脉冲。

（2）绝对值型。就是对应一圈，每个基准的角度发出一个唯一与该角度对应二进制的数值，通过外部记圈器件可以进行多个位置的记录和测量。

2. 按信号的输出类型分类

分为电压输出、集电极开路输出、推拉互补输出和长线驱动输出。

3. 以编码器机械安装形式分类

（1）有轴型。有轴型又可分为夹紧法兰型、同步法兰型和伺服安装型等。

（2）轴套型。轴套型又可分为半空型、全空型和大口径型等。

4. 以编码器工作原理分类

可分为：光电式、磁电式和触点电刷式。

伺服电机编码器的功能与普通编码器是一样的，比如绝对型的有 A、A 反，B、B 反，Z、Z 反等信号，除此之外，伺服电机编码器还有着跟普通编码器不同的地方，那就是伺服电机编码器多数为同步电机，同步电机启动的时候需要知道转子的磁极位置，这样才能够大力矩启动伺服电机，这样需要另外配几路信号来检测转子的当前位置，比如增量型的就有 U/V/W 等信号。

如图 3-27 所示，输入轴上装有玻璃制的编码圆盘。圆盘上印刷有能够遮住光的黑色条纹，圆盘两侧有一对光源与受光元件，此外中间装有分度尺，圆盘转动时，遇到玻璃透明的地方光就会通过，遇到黑色条纹就会被遮住，受光元件将光的有无转变为电信号后就成为脉冲（反馈脉冲），圆盘上条纹的密度＝伺服电机的分辨率（即每转的脉冲数）。

根据条纹可以掌握圆盘的转动量，即可掌握伺服电机的位置、转动量和转动方向。

三、伺服电动机

伺服电动机（servo motor）是指在伺服系统中控制机械元件运转的发动机，是一种补助马达间接变速装置。

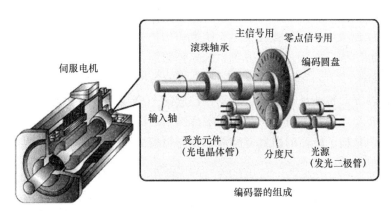

图 3-27　伺服编码器结构图

　　自从德国 MANNESMANN 的 Rexroth 公司的 Indramat 分部在 1978 年汉诺威贸易博览会上正式推出 MAC 永磁交流伺服电动机和驱动系统，这标志着新一代交流伺服技术已进入实用化阶段。到 20 世纪 80 年代中后期，各公司都已有完整的系列产品。整个伺服装置市场都转向了交流系统。由于早期的模拟系统在诸如零漂、抗干扰、可靠性、精度和柔性等方面存在不足，尚不能完全满足运动控制的要求，近年来随着微处理器、新型数字信号处理器（DSP）的应用，出现了数字控制系统，控制部分可完全由软件进行，分别称为直流伺服系统、三相永磁交流伺服系统。

　　到目前为止，高性能的电伺服系统大多采用永磁同步型交流伺服电动机，控制驱动器多采用快速、准确定位的全数字位置伺服系统。典型生产厂家如德国西门子、美国科尔摩根和日本松下及安川等公司。

　　伺服电动机在机器人悬臂做升降运动时作为动力源而存在，它通过弹性联轴器与滚珠丝杠连接，带动滚珠丝杠转动，以控制机器人悬臂升降。

　　伺服电机可使控制速度，位置精度非常准确，可以将电压信号转化为转矩和转速以驱动控制对象。伺服电机转子转速受输入信号控制，并能快速反应，在自动控制系统中，用作执行元件，且具有机电时间常数小、线性度高、始动电压等特性，可把所收到的电信号转换成电动机轴上的角位移或角速度输出。分为直流和交流伺服电动机两大类，其主要特点是当信号电压为零时无自转现象，转速随着转矩的增加而匀速下降。伺服电机实物图如图 3-28 所示。

　　1. 伺服电机工作原理

　　伺服系统（servo mechanism）是使物体的位置、方位状态等输出被控量能够跟随输入目标（或给定值）任意变化的自动控制系统，如图 3-29 所示。伺服主要靠脉冲来定位，伺服电机接收到 1 个脉冲，就会旋转 1 个脉冲对应的角度，从而实现位移，因为伺服电机本身具备发出脉冲的功能，

图 3-28　伺服电机实物图

所以伺服电机每旋转一个角度，都会发出对应数量的脉冲，这样，和伺服电机接受的脉冲形成了呼应，或者叫闭环，如此一来，系统就会知道发了多少脉冲给伺服电机，同时又知道收了多少脉冲回来，这样，就能够很精确地控制电机的转动，从而实现精确的定位，可以达到 0.001mm。

伺服电机内部的转子是永磁铁，驱动器控制的 U/V/W 三相电形成电磁场，转子在此磁场的作用下转动，同时电机自带的编码器反馈信号给驱动器，驱动器根据反馈值与目标值进行比较，调整转子转动的角度。伺服电机的精度决定于编码器的精度（线数）。

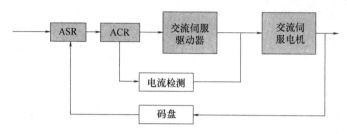

图 3-29　伺服电机工作原理图

2. 伺服电机的分类

（1）直流伺服电机分为有刷和无刷电机。有刷电机成本低，结构简单，启动转矩大，调速范围宽，控制容易，需要维护，但维护不方便（换碳刷），产生电磁干扰，对环境有要求。因此它可以用于对成本敏感的普通工业和民用场合。

无刷电机体积小，重量轻，出力大，响应快，速度高，惯量小，转动平滑，力矩稳定。控制复杂，容易实现智能化，其电子换相方式灵活，可以方波换相或正弦波换相。电机免维护，效率很高，运行温度低，电磁辐射很小，寿命长。

直流伺服电机可应用在火花机、机械手等精确运转的机械上。可同时配置 2500P/R 高分析度的标准编码器及测速器，更能加配减速箱，令机械设备带来可靠的准确性及高扭力。调速性好，单位重量和体积下，输出功率最高，大于交流电机，更远远超过步进电机。多级结构的力矩波动小。

（2）交流伺服电机是无刷电机，分为同步和异步电机，目前运动控制中一般都用同步电机，它的功率范围大，可以做到很大的功率。大惯量，最高转动速度低，且随着功率增大而快速降低，因而适合做低速平稳运行的场合。

交流伺服电机和无刷直流伺服电机在功能上的区别：交流伺服要好一些，因为是正弦波控制，转矩脉动小。直流伺服是梯形波，但直流伺服比较简单、便宜。

3. 伺服电机的特点

（1）精度。实现了位置、速度和力矩的闭环控制。

（2）转速。高速性能好，一般额定转速能达到 2000～3000r/min。

（3）适应性。抗过载能力强，能承受三倍于额定转矩的负载，对有瞬间负载波动和要求快速启动的场合特别适用。

（4）稳定。低速运行平稳，低速运行时不会产生类似于步进电机的步进运行现象。适用于有高速响应要求的场合。

（5）及时性。电机加减速的动态响应时间短，一般在几十毫秒之内。

（6）舒适性。发热和噪声明显降低。

普通的电机断电后还会因为自身的惯性缓慢地旋转，然后停下，而伺服电机和步进电机可以立刻停止或旋转，反应速度极快，但步进电机存在失步现象。

伺服电机的应用领域很多，只要是有动力源的，而且对精度有要求的一般都可能涉及伺服电机，如机床、印刷设备、包装设备、纺织设备、激光加工设备、机器人、自动化生产线等对工艺精度、加工效率和工作可靠性等要求相对较高的设备。

四、重载连接器

重载连接器，又名 HDC 重载接插件、航空插，广泛应用于建筑机械、纺织机械、包装印刷机械、烟草机械、机器人、轨道交通、热流道、电力、自动化等需要进行电气和信号连接的设备中。相对于传统的连接方式，使用重载连接器具有预先安装、预先接线、防止误插，提高工作效率等优点。

这个新接口被普遍认为是"工业连接器"，其应用不仅局限于制造业。重载连接器的设计主要用以经受恶劣工业环境的考验。传统的连接设备在典型办公室环境下可长期稳定地使用，但将同样的铜缆或是光纤连接器暴露于极端条件下，其性能和可靠性都会下降，最终导致设备频繁地出现故障需更换配件。重载连接器被专门设计用以在恶劣环境下构建一个坚固的以太网连接，比先前的连接器更坚韧、更强壮、更具抵御力。

1. 重载连接器结构原理

重载连接器主要由接触件、绝缘体、壳体和附件所组成。

（1）接触件是连接器完成电连接功能的核心零件。一般由阳性接触件和阴性接触件组成接触对，通过阴、阳接触件的插合完成电连接。

阳性接触件为刚性零件，其形状为圆柱形（圆插针）、方柱形（方插针）或扁平形（插片）。阳性接触件一般由黄铜、磷青铜制成。阴性接触件即插孔，是接触对的关键零件，它依靠弹性结构在与插针插合时发生弹性变形而产生弹性力与阳性接触件形成紧密接触，完成连接。插孔的结构种类很多，有圆筒形（劈槽、缩口）、音叉形、悬臂梁形（纵向开槽）、折叠形（纵向开槽，9 字形）、盒形（方插孔）以及双曲面线簧插孔等。

（2）绝缘体，也常称为基座或安装板，它的作用是使接触件按所需要的位置和间距排列，并保证接触件之间和接触件与外壳之间的绝缘性能。良好的绝缘电阻、耐电压性能以及易加工性是选择绝缘材料加工成绝缘体的基本要求。

（3）壳体，也称外壳，是连接器的外罩，它为内装的绝缘安装板和插针提供机械保护，并提供插头和插座插合时的对准，进而将连接器固定到设备上。

（4）附件，分结构附件和安装附件。结构附件如卡圈、定位键、定位销、导向销、连接环、电缆夹、密封圈、密封垫等。安装附件如螺钉、螺母、螺杆、弹簧圈等。附件大都有标准件和通用件。

2. 重载连接器的基本性能

连接器的基本性能可分为三大类：力学性能、电气性能和环境性能。

（1）力学性能，就连接功能而言，插拔力是重要的力学性能。插拔力分为插入力和拔出力（拔出力亦称分离力），两者的要求是不同的。在有关标准中有最大插入力和最小分离力规定，这表明，从使用角度来看，插入力要小（从而有低插入力和无插入力的结构），而分离力若太小，则会影响接触的可靠性。另一个重要的力学性能是连接器的机械寿命。机械寿命实际上是一种耐久性指标，在国标 GB 5095 中把它叫作机械操作。它是以一次插入和一次拔出为一个循环，以在规定的插拔循环后连接器能否正常完成其连接功能（如接触电阻值）作为评判依据。

（2）电气性能连接器的主要电气性能包括接触电阻、绝缘电阻和抗电强度。

① 接触电阻。高质量的电连接器应当具有低而稳定的接触电阻。连接器的接触电阻从几毫欧到数十毫欧不等。

② 绝缘电阻。衡量电连接器接触件之间和接触件与外壳之间绝缘性能的指标，其数量级为数百兆欧至数千兆欧不等。

③ 抗电强度。或称耐电压、介质耐压，是表征连接器接触件之间或接触件与外壳之间耐受额定试验电压的能力。

④ 其他电气性能。电磁干扰泄漏衰减是评价连接器的电磁干扰屏蔽效果，一般在 $100MHz \sim 10GHz$ 频率范围内测试。对射频同轴连接器而言，还有特性阻抗、插入损耗、反射系数、电压驻波比等电气指标。

由于数字技术的发展，为了连接和传输高速数字脉冲信号，出现了一类新型的连接器即高速信号连接器，相应地，在电气性能方面，除特性阻抗外，还出现了一些新的电气指标，如串扰，传输延迟、时滞等。

（3）环境性能。常见的环境性能包括耐温、耐湿、耐盐雾、振动和冲击等。

① 耐温。目前连接器的最高工作温度为 200℃（少数高温特种连接器除外），最低温度为 −65℃。由于连接器工作时，电流在接触点处产生热量，导致温升，因此一般认为工作温度应等于环境温度与接点温升之和。在某些规范中，明确规定了连接器在额定工作电流下容许的最高温升。

② 耐湿。潮气的侵入会影响连接的绝缘性能，并锈蚀金属零件。恒定湿热试验条件为相对湿度 90%～95%、温度（+40±20）℃，交变湿热试验则更严苛。

③ 耐盐雾。连接器在含有潮气和盐分的环境中工作时，其金属结构件、接触件表面处理层有可能产生电化腐蚀，影响连接器的物理和电气性能。

3. 重载连接器的特点

（1）实现预先安装，大量及复杂电路的预先安装，可以极大地提高设备安装效率，减少接线错误率。

（2）重载连接器提供高集成度连接，丰富的组合方式最大程度提高了设备空间的有效利用率。

（3）重载连接器方便、高效地实现设备各功能模块的模块化结构，使得设备能方便、安全地进行运输、安装、维护和维修。

（4）重载连接器提供的高防护等级（IP65、IP68）对于苛刻环境下设备连接系统的优势无可比拟。在沙尘、雨水、寒冷、冰雪、油污等恶劣环境下提供有效保护。

任务实施

● 工业机器人伺服驱动参数调试操作步骤

1.（J4/5/6）伺服驱动参数调试

首先拆掉伺服驱动电源线以及抱闸线。

第一步：按 S 键→按 M 键→PA34＝2003→PB42、PB43→PA43→PA34＝1230→按 S 键→按 M 键，找到 EE-WRI→按 S 键，待出现 FINISH 后断电重启。

第二步：按 S 键→按 M 键→PA34＝2003—PA0＝500（J6 时为 100），PA2＝240，PA17＝4000，PA23＝0，PA24＝4，PA25＝7，PA26＝0，PA27＝1000，PA28＝40→PA34＝1230→按 S 键→按 M 键，找到 EE-WRI→按 S 键，待出现 FINISH 后断电重启。

第三步：按 S 键→按 M 键→PA34＝2003→PA23＝7→STA0＝0→STA6＝1→PA34＝1230→按 S 键→按 M 键，找到 EE-WRI→按 S 键，待出现 FINISH 后断电重启，插上伺服驱动电源线。

第四步：按 S 键→按 M 键，找到 EE-WRI 后按↑键找到 CAL-ID→按 S 键→按 M 键查看此时 PA34＝1111，用手去感受电机的轴，当电机在有力的时候，进入 LP-SEL→按 S 键，出现 FINISH，调零结束→PA34＝2003→PA23＝0→PA34＝1230→按 S 键→按 M 键，找到 EE-WRI→按 S 键，待出现 FINISH 后断电重启。

第五步：手动调试，按 S 键→按 M 键，找到 JOG→按 S 键，出现 RUN→按↑↓键查看动作是否正常。

第六步：按 S 键→按 M 键→PA34＝2003→STA0＝1→STA6＝0→PA34＝1230→按 S 键→按 M 键，找到 EE-WRI→按 S 键，待出现 FINISH 后断电重启，恢复电源线和抱闸线。

2. HSV-160U 交流伺服驱动（J1/2/3）轴参数调试

第一步：按 S 键→按 M 键→PA34＝2003→PA43＝1203→PA34＝1230→按 S 键→按 M 键，找到 EE-WRI→按 S 键，待出现 FINISH 后断电重启。

第二步：按 S 键→按 M 键→PA34＝2003→PA0＝500→PA2＝6500→PA17＝3000→PA23＝0→PA24＝3→PA25＝7→PA27＝2000→PA35＝80→PB42＝380（J1 和 J3 为 380，J2 为 930）→PB43＝3000（如果手动调试需要将 STA0＝0，STA6＝1）→PA34＝1230→按 S 键→按 M 键，找到 EE-WRI→按 S 键，待出现 FINISH 后断电重启。

3. HSV-160U 交流伺服驱动示教器调零步骤

（1）进入示教器→参数设置→轴参数设置→将"位置偏移量"改为 0，断电重启。

（2）用示教器操作将各轴调整到机械原点位置，然后进入手动运行，记下各轴显示的实际位置。

（3）再进入参数设置→轴参数设置→将上一步记录的 J1、J2（实际位置－90）、J3、J4、J5（实际位置＋90）、J6 数字修改到"位置偏移量"中，断电重启。

（4）再次进入手动运行，查看各轴的零点位置是否是 0、90、0、0、－90、0，若不是，根据显示的实际位置修改"位置偏移量"中的数据。

4. 运行前检查

在安装和连接完毕之后，在通电之前先检查以下几项：

（1）强电电源端子 L1、L2、L3、U、V、W、BK1、BK2、PE 接线是否正确、可靠，输入电压是否正确。

（2）电源线、电机线有无短路或接地。

（3）编码器电缆匹配、连接是否正确。

（4）控制信号端子是否连接准确，电源极性和大小是否正确。

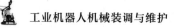

（5）驱动单元和电机是否已固定牢固。

 安排实训

1. 实训目的

（1）掌握伺服驱动器参数的设置方法。

（2）熟悉伺服电机的工作原理。

2. 实训要求

（1）确保操作过程中的人身和设备安全。

（2）安装和连接完毕之后，在通电之前要对电机、编码器等器件的接线做合理的检查，防止电机烧毁。

3. 实训计划

分组实施，根据表 3-8 安排计划时间，并填写工作计划表。

表 3-8　　　　　　　　　　**工作计划表**

步骤	内容	计划时间	实际时间	完成情况
1	整个练习的工作计划			
2	伺服电机导线连接			
3	伺服驱动器参数调试			
4	机器人运行前检查			
5	机器人试运行			
6	成果展示			
7	成绩评估			

4. 设备及工具清单

根据实际需求，填写表 3-9 设备及工具清单。

表 3-9　　　　　　　　　　**设备及工具清单**

序号	物品名	规格	数量	备注
1	机器人本体			
2	改刀			
3	航空插头			
4	导线			

 小　结

1. 通过机器人驱动系统的学习，了解伺服驱动器、伺服编码器、伺服电机、重载连接器的工作原理。

2. 熟悉伺服驱动器的参数调试方法。

思考与练习

1. 机器人的驱动系统能不能用步进电机或三相交流异步电动机驱动，为什么？

2. 简述伺服电机的工作原理。

3. 重载连接器在机器人的使用过程中有什么作用?

任务 4 传感检测技术在工业机器人中的应用

 任务介绍

某一自动装配生产线上,需要用装配机器人对两个零件进行装配,并检测装配的精度,通过计算机记录并显示装配的实时情况。本任务重点介绍了装配机器人涉及的传感检测技术,通过对零件的装配操作,了解装配机器人的工作过程和传感器的应用。

 任务分析

机器人装配是柔性自动化领域的重要环节,也是工业机器人应用领域中复杂的作业之一。由于实际机器人的装配环境在零件定位、机器人运动等方面存在许多不确定性和突发事件,因此需要利用传感检测技术对装配流程的各个环节进行误差检测和校正,减少装配过程中的故障率,降低装配过程中突发事件的产生,提高机器人装配作业的成功率,增加柔性装配系统对作业环境的适应能力。

 相关知识

一、传感器概述

国家标准 GB 7665—1987 对传感器下的定义是:能感受规定的被测量并按照一定的规律转换成可用信号的器件或装置,通常由敏感元件和转换元件组成。传感器是一种检测装置,能感受到被测量的信息,并能将检测感受到的信息,按一定规律变换成为电信号或其他所需形式的信息输出,以满足信息的传输、处理、存储、显示、记录和控制等要求。它是实现自动检测和自动控制的首要环节。

目前,传感器转换后的信号大多为电信号。因而从狭义上讲,传感器是把外界输入的非电信号转换成电信号的装置。

二、传感器的结构

传感器由敏感器件、转换元件和基本转换电路组成。敏感器件的作用是感受被测物理量,并对信号进行转换输出。转换元件和基本转换电路则是对敏感器件输出的电信号进行放大、阻抗匹配,以便于后续仪表接入,其构成如图 3-30 所示。

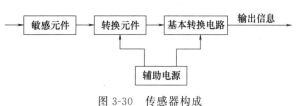

图 3-30 传感器构成

三、传感器的分类

目前对传感器尚无一个统一的分类方法,但比较常用的有如下三种:

（1）按传感器的物理量分类，可分为位移、力、速度、温度、流量、气体成分等传感器。

（2）按传感器工作原理分类，可分为电阻、电容、电感、电压、霍尔、光电、光栅热电偶等传感器。

（3）按传感器输出信号的性质分类，可分为输出为开关量（"1"和"0"或"开"和"关"）的开关型传感器；输出为模拟型传感器；输出为脉冲或代码的数字型传感器。

传感器的分类如表 3-10 所示。

表 3-10　　　　　　　　　　　　传感器分类

分类方式	传感器名称	分类方式	传感器名称
按被测量的物理量分	位移传感器	按信号变换特征分	能量转换型（有源）
	力传感器		能量控制型（无源）
	滑觉传感器	按工作原理分	电阻应变式传感器
	压力传感器		电容式传感器
			电感式传感器
	流量传感器		光电式传感器
	温度传感器		光线传感器

四、传感器的主要技术指标

传感器的技术指标有静态特性、动态特性、线性度、灵敏度、分辨力和迟滞特性等。

1. 传感器的静态特性

传感器的静态特性是指对静态的输入信号，传感器的输出量与输入量之间所具有的相互关系。因为这时输入量和输出量都和时间无关，所以它们之间的关系，即传感器的静态特性可用一个不含时间变量的代数方程，或以输入量作横坐标，把与其对应的输出量作纵坐标而画出的特性曲线来描述。表达传感器静态特性的主要参数有线性度、灵敏度、分辨力和迟滞等。

2. 传感器的动态特性

所谓动态特性，是指传感器在输入变化时，它的输出的特性。在实际工作中，传感器的动态特性常用它对某些标准输入信号的响应来表示。这是因为传感器对标准输入信号的响应容易用实验方法求得，并且它对标准输入信号的响应与它对任意输入信号的响应之间存在一定的关系，往往知道了前者就能推定后者。通常用的标准输入信号有阶跃信号和正弦信号两种，所以传感器的动态特性也常用阶跃响应和频率响应来表示。

3. 传感器的线性度

通常情况下，传感器的实际静态特性输出是条曲线而非直线。在实际工作中，为使仪表具有均匀刻度的读数，常用一条拟合直线近似地代表实际的特性曲线，线性度（非线性误差）就是这个近似程度的一个性能指标。拟合直线的选取有多种方法。如将零输入和满量程输出点相连的理论直线作为拟合直线，或将与特性曲线上各点偏差的平方和为最小的理论直线作为拟合直线，此拟合直线称为最小二乘法拟合直线。

4. 传感器的灵敏度

灵敏度是指传感器在稳态工作情况下输出量变化 Δy 对输入量变化 Δx 的比值。它是输出-输入特性曲线的斜率。如果传感器的输出和输入之间是显线性关系，则灵敏度 s 是一个常数。否则，它将随输入量的变化而变化。

灵敏度的量纲是输出、输入量的量纲之比。例如，某位移传感器，在位移变化 1mm 时，输出电压变化为 200mV，则其灵敏度应表示为 200mV/mm。

当传感器的输出、输入量的量纲相同时，灵敏度可理解为放大倍数。提高灵敏度，可得到较高的测量精度。但灵敏度越高，测量范围越窄，稳定性也往往越差。

5. 传感器的分辨力

分辨力是指传感器刚能感受到的被测量的最小变化的能力。也就是说，如果输入量从某一非零值缓慢地变化。当输入变化值未超过某一数值时，传感器的输出不会发生变化，即传感器对此输入量的变化是分辨不出来的。只有当输入量的变化超过分辨力时，其输出才会发生变化。

通常传感器在满量程范围内各点的分辨力并不相同，因此常用满量程中能使输出量产生阶跃变化的输入量中的最大变化值作为衡量分辨力的指标。上述指标若用满量程的百分比表示，则称为分辨率。

6. 传感器的迟滞特性

迟滞特性表征传感器正向（输入量增大）和反向（输入量减小）行程间输出-输入特性曲线不一致的程度，通常用这两条曲线之间的最大差值 $\Delta \max$ 与满量程输出 $F \cdot s$ 的百分比表示，迟滞可由传感器内部元件存在能量的吸收造成。

五、常用传感器介绍

1. 电阻应变式传感器

（1）概述。电阻应变式传感器是以电阻应变计为转换元件的传感器。电阻应变式传感器由弹性敏感元件、电阻应变计、补偿电阻和外壳组成。可根据具体测量要求设计成多种结构形式。弹性敏感元件受到所测量的力而产生变形，并使附着在其上的电阻应变计一起变形。电阻应变计再将变形转换为电阻值的变化，从而可以测量力、压力、扭矩、位移、加速度和温度等多种物理量，其实物图如图 3-31 所示。

图 3-31　电阻应变式
传感器实物图

（2）特点及应用。常用的电阻应变式测力传感器、应变式压力传感器、应变式扭矩传感器、应变式位移传感器、应变式加速度传感器和测温应变计等。电阻应变式传感器的优点是精度高，测量范围广，寿命长，结构简单，频率响应特性好，能在恶劣条件下工作，易于实现小型化、整体化和品种多样化等。它的缺点是对大应变有较大的非线性输出，输出信号较弱，但可采取一定的补偿措施。因此它广泛应用于自动测试和控制技术中。

2. 电容式传感器

（1）概述。电容式传感器是把被测的机械量（如位移、压力等）转换为电容量变化的传感器。它的敏感部分就是具有可变参数的电容器。电容器最常用的形式是由两个平行电极组成，极间以空气为介质。若忽略边缘效应，平板电容器的电容为 $\varepsilon S/d$（其中：ε 为极间介质的介电常数，S 为两极板互相覆盖的有效面积，d 为两电极之间的距离）。

d、S、ε 三个参数中任一个的变化都将引起电容量变化，并可用于测量。因此电容式传感器可分为极距变化型、面积变化型、介质变化型三类。极距变化型电容式传感器一般用来测量微小的线位移或由于力、压力、振动等引起的极距变化。面积变化型电容式传感器一般用于测量角位移或较大的线位移。介质变化型电容式传感器常用于物位测量和各种介质的温度、密度、湿度的测定，其实物图如图 3-32 所示。

图 3-32　电容式传感器实物图

（2）特点及应用。电容式传感器的优点是结构简单，价格便宜，灵敏度高，零磁滞，真空兼容，过载能力强，动态响应特性好和对高温、辐射、强振等恶劣条件的适应性强等。缺点是输出有非线性，寄生电容和分布电容对灵敏度和测量精度的影响较大，以及连接电路较复杂等。

3. 电感式传感器

（1）概述。电感式传感器是利用电磁感应把被测的物理量如位移、压力、流量、振动等转换成线圈的自感系数和互感系数的变化，再由电路转换为电压或电流的变化量输出，实现非电量到电量的转换，其实物图如图 3-33 所示。

图 3-33　电感式传感器实物图

（2）特点及应用。电感式传感器具有结构简单、动态响应快、易实现非接触测量等突出的优点，特别适合用于酸类、碱类、氯化物、有机溶剂、液态 CO_2、氨水、PVC、粉料、灰料、油水界面等液位测量，目前在冶金、石油、化工、煤炭、水泥、粮食等行业中应用广泛。

4. 光电式传感器

（1）概述。光电式传感器是基于光电效应的传感器，在受到可见光照射后即产生光电效应，将光信号转换成电信号输出。它除了能测量光强之外，还能利用光线的透射、遮挡、反射、干涉等测量多种物理量，如尺寸、位移、速度、温度等，因而是一种应用极广泛的重要敏感器件。光电测量时不与被测对象直接接触，光束的质量又近似为零，在测量中不存在摩擦和对被测对象几乎不施加压力，因此在许多应用场合，光电式传感器比其他传感器有明显的优越性。其缺点是在某些应用方面，光学器件和电子器件价格较高，并且对测量的环境条件要求较高，其实物图如图 3-34 所示。

图 3-34　光电式传感器实物图

（2）特点及应用。光电检测方法具有精度高、反应快、非接触等优点，而且可测参数多，其传感器的结构简单，形式灵活多样，体积小。近年来，随着光电技术的发展，光电式传感器已成为系列产品，其品种及产量日益增加，用户可根据需要选用各种规格的产品。光电式传感器广泛应用于机电控制、计算机、国防科技等方面。

5. 光纤传感器

（1）概述。光纤传感器的基本工作原理是将来自光源的光信号经过光纤送入调制器，使待测参数与进入调制区的光相互作用后，导致光的光学性质（如光的强度、波长、频率、相位、偏振态等）发生变化，成为被调制的信号源，再经过光纤送入光探测器，经解调后，获得被测参数，其实物图如图 3-35 所示。

图 3-35　光纤传感器实物图

（2）特点及应用。与传统的各类传感器相比，光纤传感器用光作为敏感信息的载体，用光纤作为传递敏感信息的媒质，具有光纤及光学测量的特点，有一系列独特的优点：电绝缘性能好，抗电磁干扰能力强，非侵入性，高灵敏度，容易实现对被测信号的远距离监控，耐腐蚀，防爆，光路有挠曲性，便于与计算机连接。

光纤传感器的应用范围很广，几乎涉及国民经济和国防上所有重要领域和人们的日常生活，尤其可以在恶劣环境中安全有效地使用，解决了许多行业多年来一直存在的技术难题，具有很大的市场需求。

传感器朝着灵敏、精确、适应性强、小巧和智能化的方向发展，它能够在人达不到的地方（如高温区，或者对人有害的地区如核辐射区）代替人作业，而且还能超越人的生理界限，接收人的感官所感受不到的外界信息。

六、传感器的选型

现代传感器在原理与结构上千差万别，如何根据具体的测量目的、测量对象以及测量环境合理进行传感器的选型是在进行某个量的测量时首先要解决的问题。

1. 根据测量对象与测量环境确定传感器的选型

要进行一个具体的测量工作，首先要考虑采用何种原理的传感器，这需要分析多方面的因素之后才能确定。因为，即便是测量同一物理量，也有多种原理的传感器可供选用，哪一种原理的传感器更为合适，则需要根据被测量的特点和传感器的使用条件考虑以下一些具体问题：量程的大小；被测位置对传感器体积的要求；测量方式为接触式还是非接触式；信号的引出方法，有线或是非接触测量；传感器的来源，国产还是进口，价格能否接受，还是自行研制。

在考虑上述问题之后就能确定选用何种类型的传感器，然后再考虑传感器的具体性能指标。

2. 灵敏度的选择

通常，在传感器的线性范围内，希望传感器的灵敏度越高越好。因为只有灵敏度高时，与被测量变化对应的输出信号的值才比较大，有利于信号的处理。但要注意的是，传感器的灵敏度高，与被测量无关的外界噪声也容易混入，也会被系统放大，影响测量精度。因此，要求传感器本身应具有较高的信噪比，尽量减少从外界引入的干扰信号。

传感器的灵敏度是有方向性的。当被测量是单向量，而且对其方向性要求较高，则应选择其他方向灵敏度小的传感器；如果被测量是多维向量，则要求传感器的交叉灵敏度越小越好。

3. 频率响应特性

传感器的频率响应特性决定了被测量的频率范围，必须在允许频率范围内保持不失真的测量条件，实际上，传感器的响应总有一定延迟，希望延迟时间越短越好。

传感器的频率响应高，可测的信号频率范围就宽，而由于受到结构特性的影响，机械系统的惯性较大，因此频率低的传感器可测信号的频率较低。

在动态测量中，应根据信号的特点（稳态、瞬态、随机等）响应特性，以免产生较大的误差。

4. 线性范围

传感器的线性范围是指输出与输入成正比的范围。从理论上讲，在此范围内，灵敏度保持定值。传感器的线性范围越宽，则其量程越大，并且能保证一定的测量精度。在选择传感器时，当传感器的种类确定以后首先要看其量程是否满足要求。

但实际上，任何传感器都不能保证绝对的线性，其线性度也是相对的。当所要求测量精度比较低时，在一定的范围内，可将非线性误差较小的传感器近似看作线性的，这会给测量带来极大的方便。

5. 稳定性

传感器使用一段时间后，其性能保持不变化的能力称为稳定性。影响传感器长期稳定性的因素除传感器本身结构外，主要是传感器的使用环境。因此，要使传感器具有良好的稳定性，传感器必须要有较强的环境适应能力。

在选择传感器之前，应对其使用环境进行调查，并根据具体的使用环境选择合适的传感器，或采取适当的措施，减小环境的影响。

传感器的稳定性有定量指标，在超过使用期后，在使用前应重新进行标定，以确定传感器的性能是否发生变化。

在某些要求传感器能长期使用而又不能轻易更换或标定的场合，所选用的传感器稳定性要求更严格，要能够经受住长时间的考验。

七、传感器的安装规则

1. 传感器安装的一般规定

（1）各类传感器的安装规则应该看安装位置，应安装在能正确反映其性能的位置，便于调试和维护的地方。

（2）水管型温度传感器、蒸汽压力传感器、水管压力传感器、水流开关、水管流量计不宜安装在管道焊缝及其边缘上开孔焊接处。

（3）风管型温、湿度传感器、室内温度传感器、压力传感器、空气质量传感器应避开蒸汽放空口及出风口处。

（4）管型温度传感器、水管型压力传感器、蒸汽压力传感器、水流开关的安装应在工艺管道安装同时进行。

（5）风管压力、温度、湿度、空气质量、空气速度、压差开关的安装应在风管完成之后。

（6）水管型压力、压差、蒸汽压力传感器、水流开关、水管流量计的开孔与焊接工作，必须在工艺管道的防腐、衬里、吹扫和压力试验前进行。

2. 温、湿度传感器的安装

室内外温、湿度传感器的安装除要符合规定的产品说明要求外，还应达到下列要求：

（1）不应安装在阳光直射，受其他辐射热影响的位置和远离有高振动或电磁场干扰的区域。

（2）室外温、湿度传感器不应安装在环境潮湿的位置。

（3）安装的位置不能破坏建筑物外观及室内装饰布局的完整性。

（4）并列安装的温、湿传感器距地面高度应一致，高度允许偏差为±1mm，同一区域内安装的温、湿度传感器高度允许偏差为±5mm。

（5）室内温、湿度传感器的安装位置宜远离墙面出风口，如无法避开，则间距不应小于2m。

（6）墙面安装附近有其他开关传感器时，距地高度应与之一致，其高度允许偏差为±5mm，传感器外形尺寸与其他开关不一样时，以底边高度为准。

（7）检查传感器到DDC之间的连接线的规格（线径截面）是否符合设计要求，对于镍传感器的接线总电阻应小于3Ω，1kΩ铂传感器的接线总电阻应小于1Ω。

风管型温、湿度传感器应安装在风管的直管段，如不能安装在直管段，则应避开风管内通风死角的位置安装。

3. 直线位移传感器

（1）检查固定零件，装好支架，钻好螺纹孔。支架安装要注意对中性。

（2）做防护罩用螺丝安装。

（3）依据法兰尺寸进行螺纹安装。

任务实施

1. 软件运行环境

（1）Windows 7 系统。

（2）安装 Hexsight 4.4 软件算发包。

（3）安装 Basler pylon x86 4.2 相机驱动程序。

2. 硬件安装

（1）连接相机电源线、相机网线接口，调节曝光调节旋钮、焦距调节旋钮，如图 3-36 所示。

（2）插入软件狗，并将显示器数据线、PLC 电缆线、相机数据线及电源线接入工控机上，连接方式如图 3-37 所示。

3. 相机的连接

（1）相机接好电源，网线一端连相机网口，另一端连工控机网口。

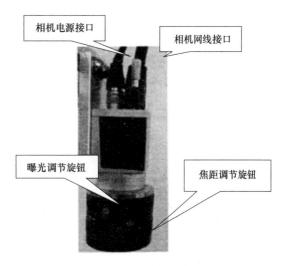

图 3-36　相机调节

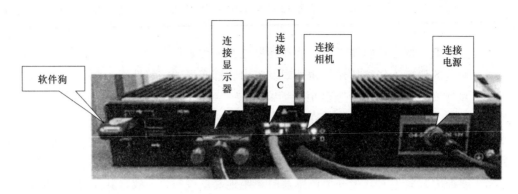

图 3-37　工控机连接

（2）与相机相连的工控机上的网口 IP 设置为 161.254.1.11，子网掩码设置为 255.255.0.0。

（3）安装好相机程序后桌面上会出现图标 ，打开进入图 3-38 所示界面，如图 3-38 所示操作。

图 3-38　相机 IP 设置

4. 调节曝光焦距

（1）打开桌面图标 。

（2）初始界面显示（图 3-39）。

（3）点击停止，进入设置界面（图 3-40）。

（4）调节镜头上的曝光和焦距（图 3-41）。

5. 与 PLC 通信设置

（1）设置工控机与 PLC 通信 IP（图 3-42）。

（2）在软件上设置 IP（图 3-43、图 3-44）。

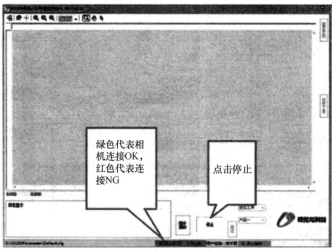

图 3-39　相机初始界面

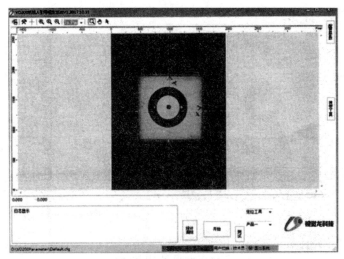

图 3-40　相机设置界面

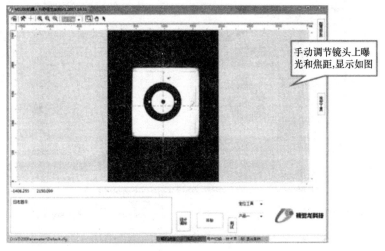

图 3-41　调节镜头

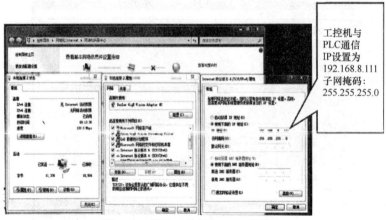

工控机与PLC通信IP设置为192.168.8.111
子网掩码：255.255.255.0

图 3-42　设置工控机与 PLC 通信 IP

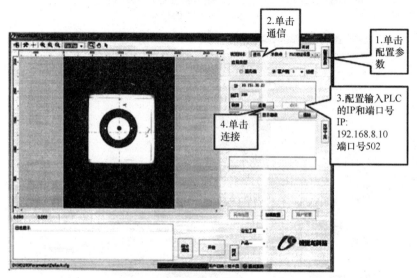

2.单击通信

1.单击配置参数

3.配置输入PLC的IP和端口号
IP:192.168.8.10
端口号502

4.单击连接

图 3-43　设置 IP 地址

绿色代表与PLC连接OK，红色代表连接NG

图 3-44　连接状态

6. 软件设置

（1）将待装配产品放在托盘的位置，如图 3-45 所示。

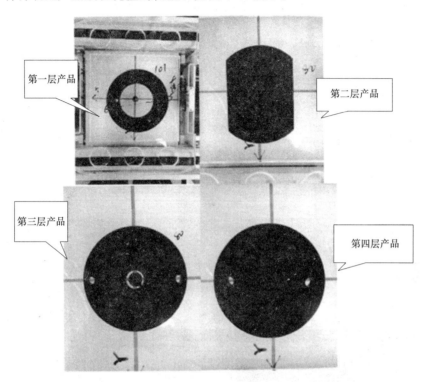

第一层产品

第二层产品

第三层产品

第四层产品

图 3-45　产品摆放

（2）产品标定（以第一层产品工具为例），如图 3-46、图 3-47、图 3-48 所示。

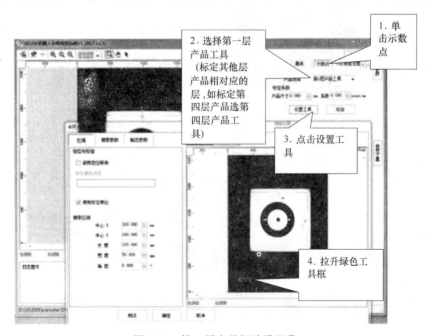

1. 单击示数点

2. 选择第一层产品工具（标定其他层产品相对应的层，如标定第四层产品选第四层产品工具）

3. 点击设置工具

4. 拉升绿色工具框

图 3-46　第一层产品摆放设置①

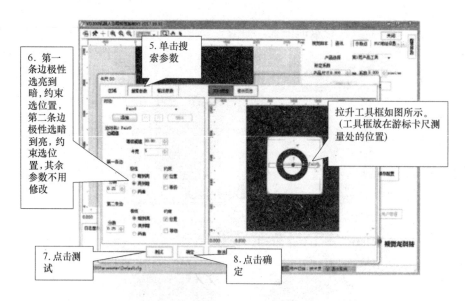

图 3-47　第一层产品摆放设置②

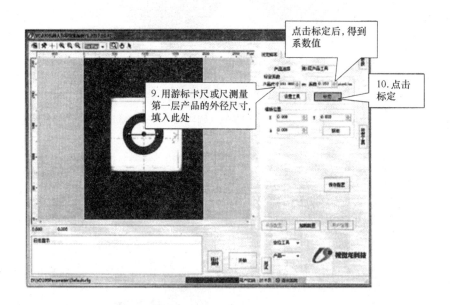

图 3-48　第一层产品摆放设置③

7. 创建模板（图 3-49、图 3-50、图 3-51、图 3-52）

备注：以上是以第一层产品工具为例，其余三层产品工具调试方法同第一层。不再叙述。

8. 修改 PLC 地址（图 3-53）

9. 监听 PLC 接收数据（图 3-54）

10. 脚本编辑（图 3-55、图 3-56）

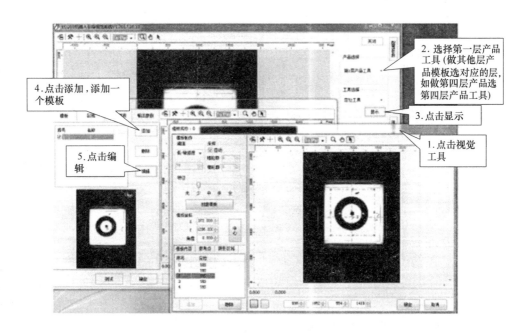

图 3-49　创建模板①

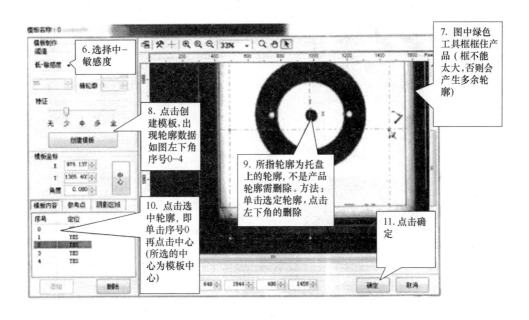

图 3-50　创建模板②

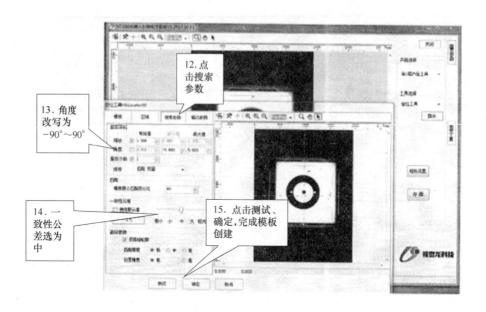

图 3-51　创建模板③

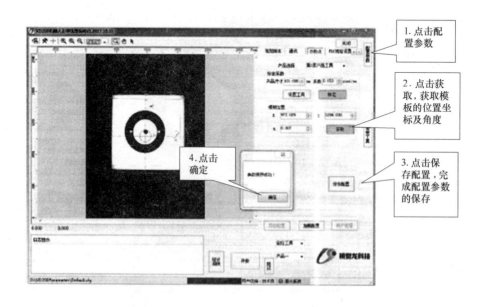

图 3-52　创建模板④

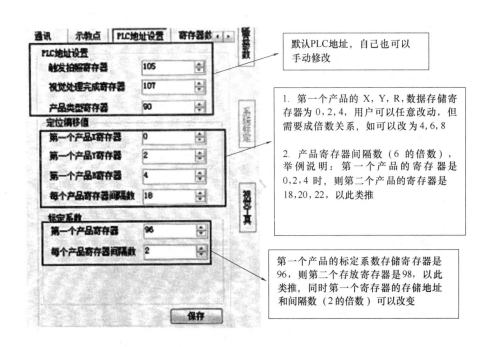

图 3-53 修改 IP 地址

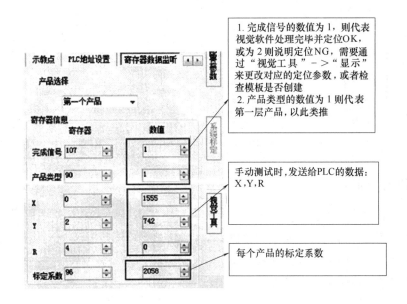

图 3-54 监听 PLC

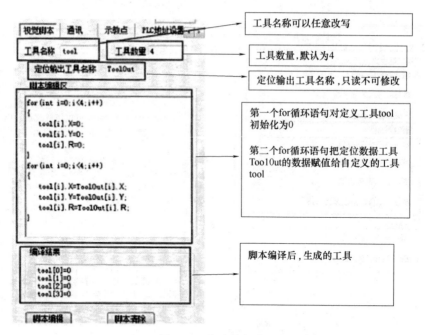

图 3-55　脚本编辑①

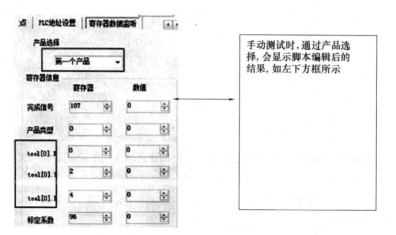

图 3-56　脚本编辑②

 安排实训

1. 实训目的

（1）熟悉装配机器人视觉系统中传感器的应用。

（2）掌握装配机器人的装配操作。

（3）熟悉常用传感器的安装方法。

2. 实训要求

（1）确保操作过程中的人身和设备安全。

（2）零件的位置标定要符合操作规范，不可超出位置界限。

66

3. 实训计划

分组实施，根据表 3-11 安排计划时间，并填写工作计划表。

表 3-11　　　　　　　　　　　　工作计划表

步骤	内容	计划时间	实际时间	完成情况
1	整个练习的工作计划			
2	零件 A 模板位置标定			
3	零件 B 模板位置标定			
4	机器人装配程序编制			
5	机器人试运行			
6	成果展示			
7	成绩评估			

4. 设备及工具清单

根据实际需求，填写表 3-12 设备及工具清单。

表 3-12　　　　　　　　　　　　设备及工具清单

序号	物品名	规格	数量	备注
1	机器人本体			
2	零件 A			
3	零件 B			
4	摄像头			
5	传送带			
6	计算机			
7	改刀			

 小　结

1. 通过本任务的学习，熟悉常用传感器结构、分类、主要的技术指标、选型和安装方法。

2. 通过装配机器人的装配操作，了解机器人视觉系统，掌握传感器在装配机器人中的应用和安装方法。

 **思考与练习**

1. 机器人视觉系统在机器人装配过程中起什么作用？

2. 如何保证机器人装配过程中的精度问题？在操作过程中应注意哪些事项？

任务 5　气动技术在机器人中的应用

 任务介绍

六轴工业机器人通过六个轴的协调运行可以将其末端运行到指定的点，而机器人末端执行器一般采用气动的方式来驱动实现其末端的具体操作。在本次任务中有一批玻璃瓶需要机器人搬运，要求设计出机器人末端执行器的气动回路，合理选择气动元件完成机器人末端执行器的安装。

机器人末端执行器气动回路的设计需要了解气动系统的组成，熟悉气动元件的应用和原理，以及对常用的换向回路有一定的基础才能够完成其设计。本任务通过学习气动控制，掌握机器人末端执行器的气动设计和安装。

气压传动是以空气压缩机为动力源，以压缩空气为工作介质，进行能量和信号传递的一门技术，是实现生产自动化的有效技术之一。气压传动的工作原理是利用空压机把电动机或其他原动机输出的机械能转换为空气的压力能，然后在控制元件的作用下，通过执行元件把压力能转换为直线运动或回转运动形式的机械能，从而完成各种动作，并对外做功。由于气压传动具有防火、防爆、节能、高效、无污染等优点，因此在国内外工业生产中应用较普遍。

一、气动系统概述

1. 气动系统的组成

如图 3-57 所示为气动剪切机的工作原理图，图示位置为剪切前的情况。空气压缩机 1 产生的压缩空气经后冷却器 2、油水分离器 3、储气罐 4、分水滤气器 5、减压阀 6、油雾器 7 到达换向阀 9，部分气体经节流通路 a 进入换向阀 9 的下腔，使上腔弹簧压缩，换向阀阀芯位于上端；大部分压缩空气经换向阀 9 后由 b 路进入储气罐的上腔，而汽缸的下腔经 c 路、换向阀与大气相通，故汽缸活塞处于最下端位置。当上料装置把工料 11 送入剪切机并到达规定位置时，工料压下行程阀 8，此时换向阀阀芯下腔压缩空气经 d 路、行程阀排入大气，在弹簧的推动下，换向阀阀芯向下运动至下端；压缩空气则经换向阀后由 c 路进入汽缸的下腔，上腔经 b 路、换向阀与大气相通，汽缸活塞向上运动，剪刃随之上行剪断工料。工料剪下后，即与行程阀脱开，行程阀阀芯在弹簧作用下复位，d 路堵死，换向阀阀芯上移，汽缸活塞向下运动，又恢复到剪断前的状态。

由以上分析可知，剪刃克服阻力剪断工料的机械能来自于压缩空气的压力能；负责提供压缩空气的是空气压缩机；气路中的换向阀、行程阀起改变气体流动方向，控制汽缸活塞运动方向的作用。

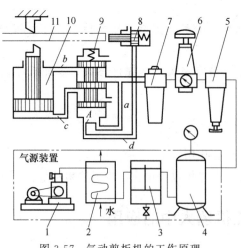

图 3-57　气动剪板机的工作原理

1—空气压缩机　2—后冷却器　3—油水分离器　4—储气罐　5—分水滤气器　6—减压阀　7—油雾器　8—行程阀　9—换向阀　10—汽缸　11—工料

从上面的例子可以看出，气动系统一般由以下四个部分组成。

（1）气源装置。气源装置是获得压缩空气的装置，其主体部分是空气压缩机，它将原动机供给的机械能转变为气体的压力能。使用气动设备较多的车间常将气源装置集中于压气站（俗称空压站）内，由压气站统一向各用气点分配压缩空气。

（2）控制元件。控制元件是用来控制压缩空气的压力、流量和流动方向的，以便使执行机构完成预定的工作循环。它包括各种压力控制阀、流量控制阀、方向控制阀和逻辑元件等。

（3）执行元件。执行元件是将气体的压力能转换成机械能的一种能量转换装置。它包括实现直线往复运动的汽缸和实现连续回转运动或摆动的气马达等。

（4）辅助元件。辅助元件是保证压缩空气的净化、元件的润滑、元件间的连接及消声等所必需的，它包括过滤器、油雾器、管接头及消声器等。

2. 气压传动的特点

气动技术被广泛应用于机械、电子、轻工、纺织、食品、医药、包装、冶金、石化、航空、交通运输等各个工业部门，如组合机床、加工中心、气动机械手、生产自动线、自动检测装置等已大量出现气动技术。与液压传动相比气压传动有以下特点：

（1）气压传动的优点。

① 以空气为介质，来源方便，使用后可以直接排入大气中，不污染环境，处理方便，同时也不存在介质变质、补充和更换等问题。

② 空气的黏度很小，所以流动阻力小，在管道中流动的压力损失较小，所以便于集中供气和实现远距离传输。

③ 对工作环境适应性好，特别是在易燃、易爆、多尘埃、强磁、辐射、振动等恶劣环境中，安全可靠性比液压、电子、电气传动和控制优越。

④ 与液压传动相比较，气压传动具有动作迅速，反应快等优点；此外气压传动管路不易堵塞，维护简单。

⑤ 空气具有可压缩性，使气动系统能够实现过载自动保护，也便于储气罐储存能量，以备急需。

（2）气压传动的缺点。

① 由于空气的可压缩性较大，所以气动装置的运动稳定性较差，运动速度易受负载变化的影响。

② 工作压力较低（一般为 0.4～0.8MPa），系统输出力小，传动效率低。

③ 气压传动具有较大的排气噪声。

④ 工作介质本身没有润滑性，因此气动系统需要专门的润滑装置。

二、气动元件

1. 气源装置

气源装置是为气动系统提供满足合乎质量要求的压缩空气，它是气压传动系统的重要组成部分。由空气压缩机产生的压缩空气，必须经过降温、净化、减压、稳压等一系列处理后，才能供给控制元件和执行元件使用，因此气源装置一般由气压发生装置、空气的净化装置和传输管道系统组成。典型的气源装置如图 3-58 所示。

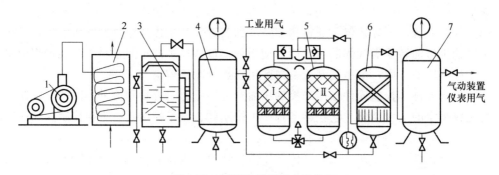

图 3-58 气源装置的组成示意图

1—空气压缩机 2—后冷却器 3—油水分离器 4、7—储气罐 5—干燥器 6—过滤器

在图 3-58 中，1 为空气压缩机，用以产生压缩空气，一般由电动机带动，其吸气口装有空气过滤器以减少进入空气压缩机的杂质量。2 为后冷却器，用以降温冷却压缩空气，使净化的水凝结出来。3 为油水分离器，用以分离并排出降温冷却的水滴、油滴、杂质等。4 为储气罐，用以储存压缩空气，稳定压缩空气的压力并除去部分油分和水分。5 为干燥器，用以进一步吸收或排除压缩空气中的水分和油分，使之成为干燥空气。6 为过滤器，用以进一步过滤压缩空气中的灰尘、杂质颗粒。7 为储气罐。储气罐 4 输出的压缩空气可用于一般要求的气压传动系统，储气罐 7 输出的压缩空气可用于要求较高的气动系统。

2. 空气压缩机

空气压缩机简称空压机，它是气压发生装置。空气压缩机是气动系统的动力源，也是气源装置的核心。空气压缩机的种类很多，主要有活塞式、膜片式、叶片式、螺杆式等几种类型，其中活塞式压缩机的使用最为广泛。

活塞式空气压缩机的工作原理如图 3-59 所示。当活塞下移时，气体体积增加，汽缸内压力小于大气压，空气便从进气阀门进入汽缸。在冲程末端，活塞向上运动，排气阀门被打开，输出空气进入储气罐。活塞的往复运动是由电动机带动的曲柄滑块机构形成的。这种类型的空压机只由一个过程就将吸入的大气压空气压缩到所需要的压力，因此称为单

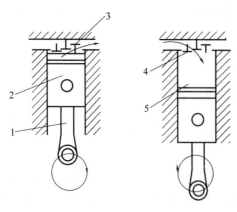

图 3-59 活塞式空气压缩机的工作原理

1—连杆 2—活塞 3—排气阀 4—进气阀 5—汽缸

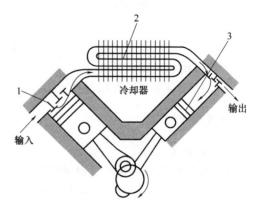

图 3-60 两级活塞式空气压缩机

1——级活塞 2—中间冷却器 3—二级活塞

级活塞式空压机。

单级活塞式空压机通常用于需要 0.3～0.7MPa 压力范围的系统。因此当输出压力较高时，应采取多级压缩机。

工业中使用的活塞式空压机通常是两级的。如图 3-60 所示为两级活塞式空气压缩机。由两级三个阶段将吸入的大气压空气压缩到最终的压力。如果最终压力为 0.7MPa，第 1 级通常将它压缩到 0.3MPa，然后经过中间冷却器冷却，压缩空气通过中间冷却器后温度大大下降，再输送到第 2 级汽缸，压缩到 0.7MPa。

3. 空气净化装置

（1）后冷却器。后冷却器安装在空气压缩机出口处的管道上。它的作用是将空气压缩机排出的压缩空气温度由 140～170℃降至 40～50℃。这样就可使压缩空气中的油雾和水汽迅速达到饱和，使其大部分析出并凝结成油滴和水滴，以便经油水分离器排出。

后冷却器一般采用水冷换热方式，其结构有蛇管式、套管式、列管式和散热片式等。蛇管式和列管式后冷却器结构图如图 3-61 所示。

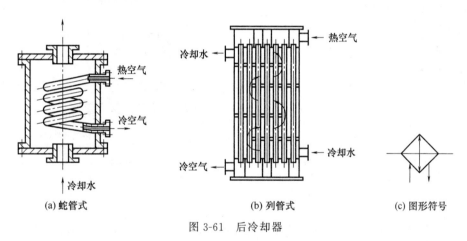

(a) 蛇管式　　　　　　　　　　(b) 列管式　　　　　　(c) 图形符号

图 3-61　后冷却器

（2）油水分离器。油水分离器又称为除油器，它安装在后冷却器出口管道上，它的作用是分离并排出压缩空气中凝聚的油分、水分和灰尘杂质等，使压缩空气得到初步净化。

油水分离器的结构形式有环形回转式、撞击折回式、离心旋转式、水浴式等。如图 3-62 所示是撞击折回式油水分离器的结构形式，它的工作原理是：当压缩空气由入口进入分离器壳体后，气流先受到隔板阻挡而被撞击折回向下；之后又上升产生环形回转，这样凝聚在压缩空气中的油滴、水滴等杂质受惯性力作用而分离析出，沉降于容器底部，由放水阀定期排出。

（3）干燥器。从空压站出来的压缩空气已经经过了初步的净化，可以满足一般气动系统的要求，但对于精密气动装置，如气动仪表、射流装置等，还须进一步净化处理。干燥器的作用就是进一步吸收和排出压缩空气中的水分、油分和杂质，使湿空气变成干空气。

目前使用的干燥方法很多，主要有冷冻法、吸附法、吸收法等。在工业上常用的是冷冻法和吸附法。

① 冷冻式干燥器。冷冻式干燥器是利用制冷设备使空气冷却到一定的露点温度，析出空气中的多余水分。此方法适用于处理低压大流量，并对干燥度要求不高的压缩空气。

② 吸附式干燥器。吸附式干燥器是利用具有吸附性能的吸附剂（如硅胶、活性氧化铝等）吸附压缩空气中水分的一种空气净化装置。吸附剂吸附了压缩空气中的水分后将达到饱和状态而失效。为了能够连续工作，必须排除吸附剂中的水分，使吸附剂恢复到干燥状态，这称为吸附剂的再生。吸附剂的再生方法有加热再生和无热再生两种。

如图 3-63 所示为一种无热再生式干燥器，它有两个填满吸附剂的容器 1、2。当压缩空气从容器 1 的下部流到上部，空气中的水分被吸附剂吸收而得以干燥，一部分干燥后的空气又从容器 2 的上部流到下部，把吸附在吸附剂中的水分带走并排入大气，即实现了不需外加热源而使吸附剂再生。两容器定期交替工作使吸附剂产生吸附和再生，这样可得到连续输出的干燥压缩空气。

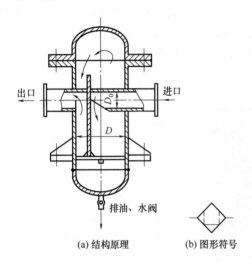

图 3-62　撞击折回式油水分离器

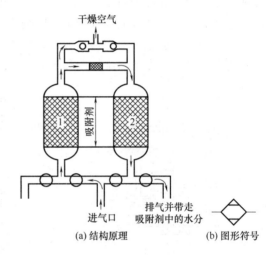

图 3-63　无热再生式干燥器

（4）空气过滤器。空气过滤器的作用是滤除压缩空气中的水分、油滴和杂质，以达到系统所要求的净化程度。常用的过滤器有一次过滤器和二次过滤器两种。空气在进入空压机之前，必须经过简易的一次过滤器，以滤除空气中所含的一部分灰尘和杂质。在空压机的输出端要使用二次过滤器来过滤压缩空气。

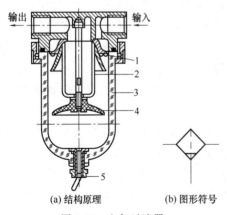

图 3-64　空气过滤器

1—旋风叶子　2—滤芯　3—存水杯
4—挡水板　5—排水阀

如图 3-64 所示为二次过滤器的结构示意图，其工作原理是：压缩空气从输入口进入后，被引入旋风叶子 1，旋风叶子上有许多成一定角度的缺口，迫使空气沿缺口的切线方向高速旋转，这样夹杂在压缩空气中的较大水滴、油滴和灰尘等便依靠自身的惯性与存水杯 3 的内壁碰撞，并从空气中分离出来沉到杯底，而灰尘、杂质则由滤芯 2 滤除。

（5）贮气罐。贮气罐的作用如下：

① 使压缩空气供气平稳，减小压力脉动。

② 贮存一定量的压缩空气，可降低空压机

的启动停止频率,并可作为应急使用。

③ 进一步分离压缩空气中的水分和油分。

贮气罐一般为圆筒状焊接结构,有立式和卧式两种,以立式居多,其结构如图3-65所示。贮气罐上应设置如下元件:

安全阀:当贮气罐内的气体压力超过允许限度时,可将压缩空气排出。

压力表:显示贮气罐内气体的压力。

压力开关:利用贮气罐内气体的压力来控制电机,它被调节到一个最高压力和一个最低压力,当气体压力达到最高压力时电机就停止,当气体压力跌到最低压力时电机就重新启动。

单向阀:当压缩机关闭时,防止压缩空气反方向流动。

排水阀:设置在最低处,用于排掉凝结在贮气罐内的水。

贮气罐的尺寸大小由压缩机的输出量决定,一般贮气罐容量约等于压缩机每分钟压缩空气的输出量。

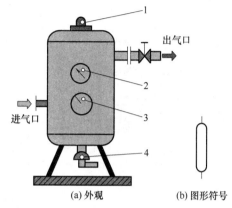

(a) 外观　　　　(b) 图形符号

图 3-65　贮气罐

1—安全阀　2—压力表　3—检修盖　4—排水阀

4. 气压辅件

(1) 油雾器。油雾器是气动系统的润滑装置。它以压缩空气为动力,将润滑油喷射成雾状并混合于压缩空气中,随着压缩空气进入需要润滑的部位,以满足润滑的需求。

油雾器的结构和工作原理如图3-66所示。当压力为 P_1 的压缩空气从左向右流经文氏管后压力降为 P_2,P_1 和 P_2 的压差 ΔP 大于把油吸到排出口处所需的压力时,油被吸到油雾器的上部,在排出口被主通道中的气流引射出来,形成油雾,并随着压缩空气输送到需润滑的部位。

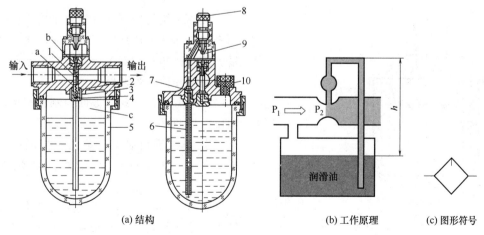

(a) 结构　　　　　　　　(b) 工作原理　　　　(c) 图形符号

图 3-66　油雾器

1—立杆　2—截止阀阀芯　3—弹簧　4—阀座　5—储油杯　6—吸油管

7—单向阀　8—节流阀　9—视油器　10—油塞

油雾器在安装时应注意进、出口不能接错,使用中一定要垂直安装。它可以单独使用,也可以与空气过滤器、减压阀三件联合使用,组成气源调节装置,通常称为气动三联件。联合使用时,其连接顺序应为空气过滤器→减压阀→油雾器,不能颠倒。气动三联件的外观和图形符号如图 3-67 所示。

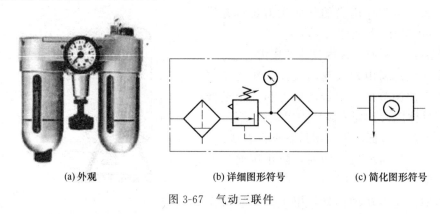

(a) 外观   (b) 详细图形符号   (c) 简化图形符号

图 3-67 气动三联件

(2) 消声器。在气动系统中,当压缩空气直接从汽缸或换向阀排向大气时,较高的压差使气体速度很高,产生强烈的排气噪声,对人体的健康造成危害,并使作业环境恶化。为了消除或减弱这种噪声,应在气动装置的排气口安装消声器。常用的消声器有以下 3 种类型:

① 吸收型消声器。吸收型消声器是利用吸声材料(玻璃纤维、烧结材料等)来降低噪声。

② 膨胀干涉型消声器。膨胀干涉型消声器相当于一段比排气孔口径大的管件。当气流通过时,在其内部扩散、膨胀、反射、相互干涉而消声。

③ 膨胀干涉吸收型消声器。这种消声器是上述两类消声器的组合,消声效果最好,其结构如图 3-68 所示。

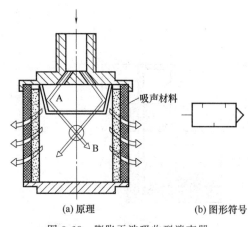

(a) 原理   (b) 图形符号

图 3-68 膨胀干涉吸收型消声器

5. 气动控制元件

气动系统的控制元件主要是控制阀,它用来控制和调节压缩空气的方向、压力和流量。按其作用和功能可分为方向控制阀、压力控制阀和流量控制阀。

(1) 方向控制阀。方向控制阀有单向型和换向型两种。

① 单向型控制阀。单向型控制阀包括单向阀,或门梭阀、与门梭阀和快速排气阀。

a. 单向阀。气动单向阀的工作原理、结构和用途与液压单向阀基本相同。其结构和图形符号如图 3-69 所示。

b. 或门梭阀。或门梭阀的结构和工作原理如图 3-70(a)所示。当 P_1 进气时,阀芯被推向右边，P_1 与 A 相通，气流从 P_1 进入 A 腔，如图 3-70（c）所示；反之，从 P_2 进气时，阀芯被推向左边，P_2 与 A 相通，于是，气流从 P_2 进入 A 腔，如图 3-70（d）所示。所以只要在任一输入口有气信号，则输出口 A 就会有气信号输出，这种阀具有"或"逻辑功能。图 3-70（b）所示为图形符号。

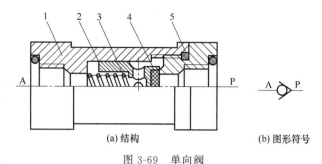

(a) 结构　　　　　　　　(b) 图形符号

图 3-69　单向阀

1—阀套　2—阀芯　3—弹簧　4—密封垫　5—密封圈

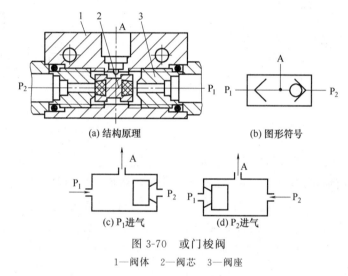

(a) 结构原理　　　　　　　　(b) 图形符号

(c) P_1 进气　　　　　　　　(d) P_2 进气

图 3-70　或门梭阀

1—阀体　2—阀芯　3—阀座

c. 与门梭阀。与门梭阀又称为双压阀，其结构和工作原理如图 3-71（a）所示。当 P_1 进气时，阀芯被推向右边，A 无输出，如图 3-71（c）所示；当 P_2 进气时，阀芯被推向左边，A 无输出，如图 3-71（d）所示；当 P_1 与 P_2 同时进气时，A 有输出，如图 3-71（e）

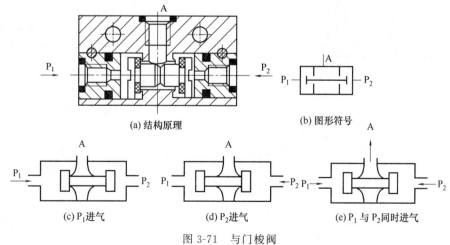

(a) 结构原理　　　　　　　　(b) 图形符号

(c) P_1 进气　　　　　(d) P_2 进气　　　　　(e) P_1 与 P_2 同时进气

图 3-71　与门梭阀

所示。图 3-71（b）所示的是与门梭阀的图形符号。

或门梭阀的应用回路如图 3-72 所示。该回路通过或门梭阀，实现手动和电动操作分别控制气控换向阀的换向。

与门梭阀的应用如图 3-73 所示。只有工件的定位信号 1 和夹紧信号 2 同时存在时，双压阀才有输出，使换向阀换向。

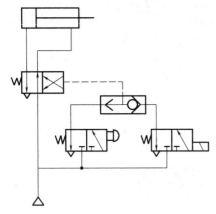

图 3-72　或门梭阀的应用回路图

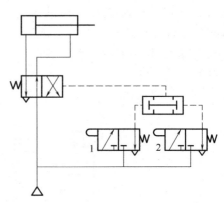

图 3-73　双压阀在互锁回路中的应用

d. 快速排气阀。快速排气阀常装在换向阀和汽缸之间，它使汽缸不通过换向阀而快速排出气体，从而加快汽缸的往复运动速度，缩短工作周期。快速排气阀的结构和工作原理如图 3-74（a）所示。当 P 进气时，将活塞向下推，P 与 A 相通，如图 3-74（c）所示；当 P 腔没有压缩空气时，在 A 腔与 P 腔压力差的作用下，活塞上移，封住 P 口，此时 A 与 O 相通，如图 3-74（d）所示，A 腔气体通过 O 直接排入大气。图 3-74（b）所示的是快速排气阀的图形符号。

快速排气阀的应用如图 3-75 所示。汽缸直接通过快速排气阀排气而不通过换向阀。

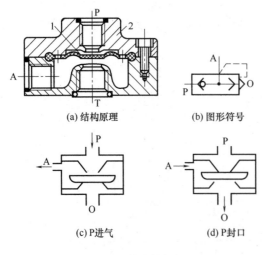

图 3-74　快速排气阀
1—膜片　2—阀体

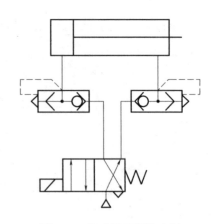

图 3-75　快速排气阀的应用

② 换向型控制阀。换向型控制阀是利用主阀芯的运动而使气流改变运动方向的，其结构和工作原理与液压换向阀相似，图形符号也基本相同，这里不再赘述。图 3-76 所示为几类不同控制方式的换向阀的图形符号。

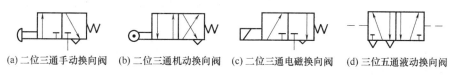

(a)二位三通手动换向阀　(b)二位三通机动换向阀　(c)二位三通电磁换向阀　(d)三位五通液动换向阀

图 3-76　气动换向型控制阀

（2）压力控制阀。压力控制阀主要用来控制系统中压缩空气的压力，以满足系统不同压力的需求。压力控制阀主要有减压阀、溢流阀和顺序阀三种。

① 减压阀。气动系统与液压系统不同，一个气源系统输出的压缩空气通常可供多台气动装置使用，而且贮存在贮气罐中的压缩空气的压力一般较高，同时压力波动也较大。因此每台气动装置的供气压力都需要用减压阀来减压，并保持压力稳定。因此，减压阀是气动系统中必不可少的调压元件。在需要提供精确气源压力和信号压力的场合，如气动测量装置，需要采用高精度减压阀，即定值器。对于这类压力控制阀，当输入压力在一定范围内改变时，能保持输出压力不变。

按调节压力方式不同，减压阀有直动式和先导式两种。

a. 直动式减压阀。图 3-77 所示为一种常用的直动型减压阀的结构。当顺时针旋转手柄 1，经调压弹簧 2、3 推动膜片 5 下凹，使阀芯 8 下移，打开进气阀口 10，压缩空气通过阀口 10 的节流作用，使输出压力低于输入压力，这就是减压作用。在压缩空气从输出口输出的同时，有一部分气流经过阻尼孔 7 进入膜片室 6，在膜片 5 的下方产生一个向上的推力，当此力与弹簧向下的作用力平衡时，阀口的开度就稳定在某一值上，减压阀就有一个确定的压力值输出。

如果输入压缩空气的压力升高，瞬间输出压力也随之升高，膜片室内的压力也升高，破坏了原有的平衡，使膜片 5 上移，同时阀芯在弹簧 9 的作用下也随之上移，进气阀口 10 开度减小，即节流阀口通流面积减小，节流能力增强，压缩空气输出压力下降，使膜片两端作用力重新平衡，输出压力恢复到接近原来的调定值。反之，输入压缩空气压力下降时，进气节流阀口开度增大，节流作用减小，输出压力上升，通过反馈，使输出压力稳定地接近原来的调定值。当输入压缩空气压力低于调定值时，减压阀不起作用。

b. 先导式减压阀。图 3-78 所示为先导式减压阀的结构。它由先导阀和主阀两部分组成。当压缩空气从进气口流入阀体后，气流的一部分经阀口 9 流向输出口，另一部分经恒节流口 1 进入中气室 5，经喷嘴 2、挡板 3、上气室 4、右侧孔道反馈至下气室 6，再经阀杆 7 中心孔及排气孔 8 排至大气。把手柄旋到一定位置，使喷嘴挡板的距离在工作范围内，减压阀就进入工作状态。中气室 5 的压力随喷嘴与挡板间的距离减小而增大，此压力在膜片上产生的作用力，相当于直动式减压阀的弹簧力。调节手柄，控制喷嘴与挡板间的距离，即能实现减压阀在规定的范围内工作。当输入压力瞬时升高时，输出压力也相应升高，通过孔口的气流使下气室 6 内的压力也升高，破坏了膜片原有的平衡，使阀杆 7 上移，节流阀口减小，节流作用增强，输出压力下降，使膜片两端作用力重新平衡，输出压

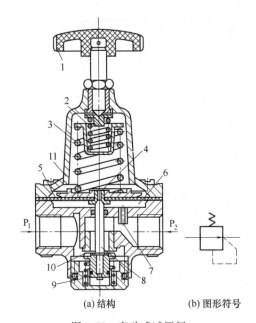

(a) 结构　　　　(b) 图形符号

图 3-77　直动式减压阀

1—手柄　2、3—调压弹簧　4—溢流孔

5—膜片　6—膜片室　7—阻尼孔　8—阀芯

9—弹簧　10—进气阀口　11—阀座

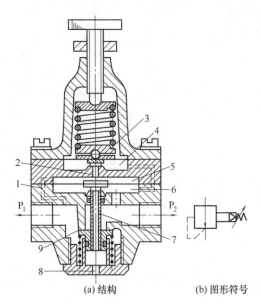

(a) 结构　　　　(b) 图形符号

图 3-78　先导式减压阀

1—恒节流口　2—喷嘴　3—挡板　4—上气室

5—中气室　6—下气室　7—阀杆

8—排气孔　9—进气阀口

力恢复到原有的调定值。当输出压力瞬时下降时，经喷嘴挡板的放大，也会引起中气室 5 的压力明显升高，而使阀杆下移，阀口开大，输出压力上升，并且稳定在原有的调定值上。

②　溢流阀。溢流阀的作用是当系统压力超过设定值时，便自动排气，使系统的压力下降，以保证系统能够安全可靠地工作，因而溢流阀也称为安全阀。

如图 3-79 所示为溢流阀的工作原理。阀口 P 与系统相连，当系统压力小于此阀的调定压力时，弹簧力使阀芯紧压在阀座上，如图 3-79（a）所示。当系统压力大于此阀的调定压力时，则阀芯开启，压缩空气从 P 口排放到大气中，如图 3-79（b）所示。此后，当系统中的压力降低到阀的调定值时，阀门关闭。

按控制方式不同，溢流阀有直动型和先导型两种，如图 3-80 和图 3-81 所示。对于

(a) 关闭状态　　　　(b) 开启状态

图 3-79　溢流阀的工作原理

1—调压手柄　2—弹簧　3—阀芯

先导型溢流阀，其先导阀为减压阀，经它减压后的压缩空气从上部 K 口进入阀内，以代替直动型中的弹簧来控制溢流阀。先导型溢流阀适用于管路通径较大及实施远距离控制的场合。

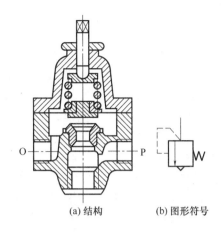

(a) 结构　　　　(b) 图形符号

图 3-80　直动型溢流阀

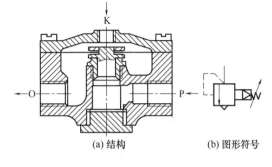

(a) 结构　　　　(b) 图形符号

图 3-81　先导型溢流阀

③ 顺序阀。顺序阀是靠气路中的压力变化来控制执行元件顺序动作的压力控制阀。如图 3-82 所示为顺序阀的工作原理，当 P 口压力达到或超过开启压力时，阀芯被顶开，于是顺序阀开启，A 口有输出；反之 A 无输出。

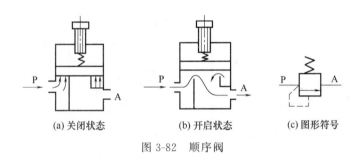

(a) 关闭状态　　　　(b) 开启状态　　　　(c) 图形符号

图 3-82　顺序阀

顺序阀很少单独使用，通常与单向阀结合成一体，构成单向顺序阀。如图 3-83 所示为单向顺序阀的工作原理。当压缩空气由 P 口进入，显然单向阀 6 处于关闭状态。当气压力小于弹簧力时，阀处于关闭状态，A 口无输出。当气压力大于弹簧力时，阀芯 3 被顶起，阀呈开启状态，压缩空气经顺序阀从 A 输出，如图 3-83 （a） 所示。当压缩空气由 A 口进入，压缩空气直接顶开单向阀 6，压缩空气经单向阀从 P 口输出，如图 3-83 （b） 所示。

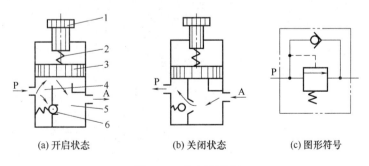

(a) 开启状态　　　　(b) 关闭状态　　　　(c) 图形符号

图 3-83　单向顺序阀

1—调压手柄　2—调压弹簧　3—阀芯　4—阀左腔　5—阀右腔　6—单向阀

（3）流量控制阀。在气动系统中，经常要求控制气动执行元件的运动速度，这是靠调节压缩空气的流量来实现的。用来控制气体流量的阀，称为流量控制阀。流量控制阀是通过改变阀的通流截面积来实现流量控制的元件，它包括节流阀、单向节流阀、排气节流阀等。

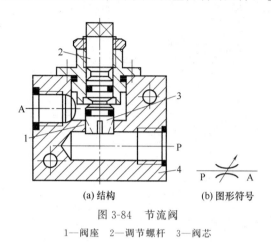

图 3-84　节流阀

1—阀座　2—调节螺杆　3—阀芯

① 节流阀。节流阀是通过改变阀的通流面积来调节流量的大小。图 3-84 所示为节流阀的结构，它由阀体、阀座、阀芯和调节螺杆组成。气体从输入口 P 进入阀内，经过阀座与阀芯间的节流口从输出口 A 输出。通过调节螺杆使阀芯上下移动，改变节流口通流面积，实现流量的调节。

② 单向节流阀。单向节流阀是由单向阀和节流阀组合而成的组合式控制阀。

图 3-85 所示为单向节流阀工作原理。当气流由 P 至 A 正向流动时，单向阀在弹簧和气压作用下关闭，气流只能从节流口流向出口 A，流量由节流阀节流口的大小决定。而当由 A 至 P 反向流动时，单向阀打开，气体自由流到 P 口，不起节流作用。

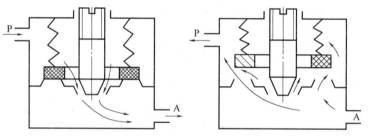

图 3-85　单向节流阀的工作原理

如图 3-86 所示为单向节流阀的结构。

③ 排气节流阀。排气节流阀是带消声器件的节流阀，使用时安装在元件的排气口，用来控制执行元件的运动速度并降低排气的噪声。图 3-87 所示为排气节流阀的结构。它是靠调节节流口的通流面积来调节排气流量，由消声套 4 来减小排气噪声。排气节流阀通常安装在换向阀的排气口处，与换向阀联用。

5. 气动执行元件

气动执行元件是将压缩空气的压力能转换为机械能的装置，它包括汽

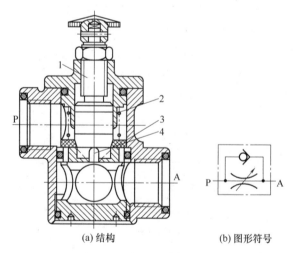

图 3-86　单向节流阀的结构

1—调节螺杆　2—弹簧　3—单向阀　4—节流口

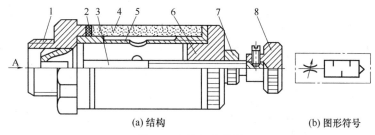

(a) 结构　　　　　　　　　　　(b) 图形符号

图 3-87　排气节流阀

1—阀座　2—密封圈　3—阀芯　4—消声套　5—阀套　6—锁紧法兰　7—锁紧螺母　8—旋柄

缸和气马达。汽缸用于直线往复运动或摆动，气马达用于实现连续回转运动。

（1）汽缸。在气动系统中，汽缸具有结构简单、成本低、安装方便等优点，因而它是应用最广泛的一种执行元件。汽缸的种类很多，分类方法也不同，常见的分类有以下几种：

① 按压缩空气对活塞端面作用力不同分为单作用汽缸和双作用汽缸（图 3-88）。

② 按结构特点不同分为活塞式、薄膜式、柱塞式和摆动式汽缸等。

③ 按功能分为普通式、缓冲式、气-液阻尼式、冲击和步进汽缸等。

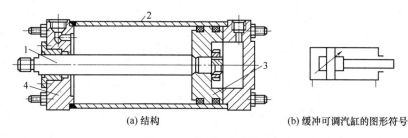

(a) 结构　　　　　　　　　　(b) 缓冲可调汽缸的图形符号

图 3-88　普通双作用汽缸

1—活塞杆　2—缸筒　3—活塞　4—缸盖

（2）气马达。气马达按结构形式可分为叶片式、活塞式、齿轮式等，其工作原理与液压马达相似。这里仅以叶片式气马达的工作原理为例作一简要说明。

图 3-89 是叶片气马达工作原理图。叶片马达一般有 3～10 个叶片，它们可以在转子的径向槽内活动。转子和输出轴固联在一起，装入偏心的定子中。当压缩空气从 A 口进入定子腔后，一部分进入叶片底部，将叶片推出，使叶片在气压推力和离心力综合作用下，抵在定子内壁上。另一部分进入密封工作腔作用在叶片的外伸部分，产生力矩。由于叶片外伸面积不等，转子受到不平衡力矩而逆时针旋转。做功后的气体由定子孔 C 排出，剩余残余气体经孔 B 排出。改变压缩空气输入进气孔（B孔进气），马达则反向旋转。

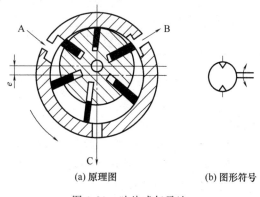

(a) 原理图　　　　　(b) 图形符号

图 3-89　叶片式气马达

三、气动基本回路

与液压系统一样，气动系统无论多么复杂，都是由一些特定功能的基本回路组成。气动基本回路按功能可分为方向控制回路、压力控制回路和速度控制回路等。

1. 方向控制回路

方向控制回路是用来控制系统中执行元件启动、停止或改变运动方向的回路。常用的是换向回路。

（1）单作用汽缸的换向回路。图 3-90 所示为电磁换向阀控制的换向回路。当电磁阀通电时，汽缸活塞杆在压缩空气作用下，向右伸出；当电磁阀断电时，汽缸活塞杆在弹簧力的作用下立即缩回。

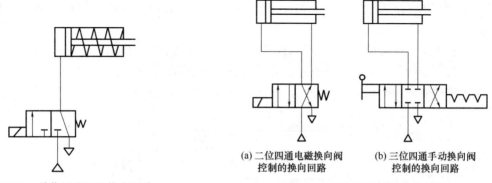

(a) 二位四通电磁换向阀
控制的换向回路

(b) 三位四通手动换向阀
控制的换向回路

图 3-90　单作用汽缸的换向回路

图 3-91　双作用汽缸的换向回路

（2）双作用汽缸的换向回路。图 3-91（a）所示为二位四通电磁换向阀控制的换向回路。图 3-91（b）所示为三位四通手动换向阀控制的换向回路，该回路中汽缸可在任意位置停留。

2. 压力控制回路

（1）气源压力控制回路。图 3-92 所示为气源压力控制回路，用于控制气源系统中气罐的压力，使之不超过规定值。

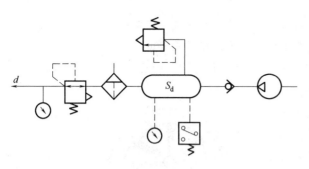

图 3-92　气源压力控制回路

通常在贮气罐上安装一只安全阀，一旦罐内压力超过规定压力就通过安全阀向外放气。也常在贮气罐上装一只电接触压力表，一旦罐内压力超过规定压力时，就控制压缩机断电，不再供气。

（2）工作压力控制回路。工作压力控制回路是每台气动装置的气源入口处的压力调节回路。如图 3-93 所示，从压缩空气站出来的压缩空气，经空气过滤器、减压阀、油雾器出来后供给气动设备使用。

（3）高低压转换回路。如图 3-94 所示，由两个减压阀和一个换向阀组成，可以由换向阀控制得到输出高压或低压气源，若去掉换向阀，就可以同时得到输出高压和低压两种气源。

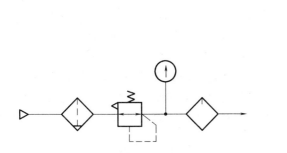

图 3-93　工作压力控制回路

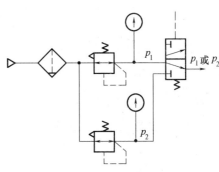

图 3-94　高低压转换回路

3. 速度控制回路

（1）单向调速回路。图 3-95（a）所示为供气节流调速回路，图 3-95（b）所示为排气节流调速回路。二者都是由单向节流阀控制其供气或排气量，以此来控制汽缸的运动速度的。

（2）双向调速回路。在汽缸的进、排气口均设置单向节流阀，其汽缸活塞两个运动方向上的速度都可以调节。图 3-96（a）所示为供气节流调速回路，图 3-96（b）所示为排气节流调速回路，图 3-96（c）所示为节流阀与换向阀配合使用的排气调速回路。

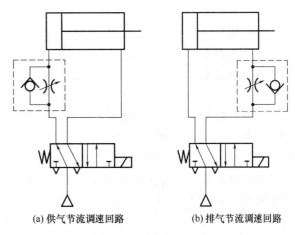

(a) 供气节流调速回路　　　　(b) 排气节流调速回路

图 3-95　单向调速回路

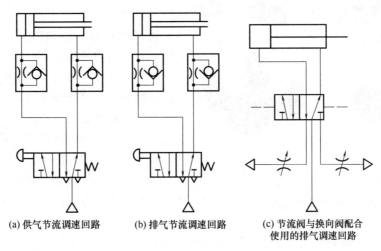

(a) 供气节流调速回路　　　(b) 排气节流调速回路　　　(c) 节流阀与换向阀配合
　　　　　　　　　　　　　　　　　　　　　　　　　　　使用的排气调速回路

图 3-96　双向调速回路

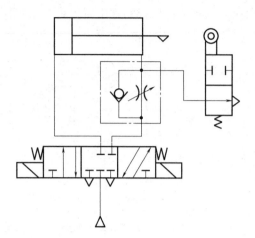

图 3-97　速度换接回路

（3）速度换接回路。用于执行元件快慢速之间的换接。图 3-97 所示为二位二通行程阀控制的速度换接回路。当三位五通电磁阀左端电磁铁通电时，汽缸左腔进气，右腔直接经过二位二通行程阀排气，活塞杆快速前进，当活塞带动撞块压下行程阀时，行程阀关闭，汽缸右腔只能通过单向节流阀再经过电磁阀排气，排气量受到节流阀的控制，活塞运动速度减慢，从而实现速度的换接。

四、机器人末端执行器

1. 真空吸盘

简称吸盘，又称真空吊具、橡胶吸嘴、橡胶吸头、皮碗等，如图 3-98 所示。真空吸盘带有密封唇边，在与被吸物体接触后形成一个临时性的密封空间，通过抽走密封空间里面的空气，产生内外压力差而进行物品的抓取。利用真空吸盘抓取物品是最廉价的一种方法。

图 3-98　真空吸盘

（1）真空吸盘的分类。真空吸盘的材料一般为各种橡胶、塑料和金属。我们经常见到的真空吸盘由 NR、NBR、FKM、PUR、NE、EPDM、SE 等多种橡胶制造。

真空吸盘按形状分类，可分为扁平吸盘、椭圆吸盘、波纹吸盘和异形吸盘，如图 3-99 所示。其中波纹吸盘又进一步细分为二层波纹吸盘、三层波纹吸盘和多层波纹吸盘。

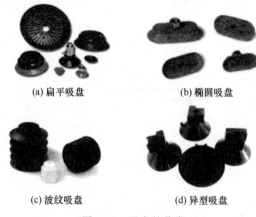

(a) 扁平吸盘　　　　(b) 椭圆吸盘

(c) 波纹吸盘　　　　(d) 异型吸盘

图 3-99　吸盘的分类

真空吸盘按抽走密闭空间空气的方式分类，可分为气动吸盘和手动吸盘。

（2）真空吸盘的特点。

① 易损耗。由于它一般用橡胶制造，直接接触物体，磨损严重，所以损耗很快。它是气动易损件。

② 使用范围广。不管被吸物体由什么材料制成，只要能密封，不漏气，均能使用。电磁吸盘就不行，它只能用在钢材上，其他材料的物体就不能吸取。

③ 无污染。真空吸盘特别环保，不会污染环境，没有光、热、电磁等产生。

④ 不伤工件。真空吸盘由于是橡胶材料所造，吸取或者放下工件不会对工件造成任何损伤，而挂钩式吊具和钢缆式吊具就不行。

（3）选择真空吸盘时考虑的事项。选择真空吸盘时应考虑以下因素：

① 被移送物体的质量。

② 被移送物体的形状和表面状态。

③ 工作环境（温度）。

④ 连接方式。

⑤ 被移送物体的高度。

⑥ 放置物品的缓冲距离。

2. 真空发生器

真空发生器就是利用正压气源产生负压的一种新型、高效、清洁、经济的小型真空元器件，如图 3-100 所示。真空发生器使得在有压缩空气的地方，或在一个气动系统中同时需要正负压的地方获得负压变得十分容易和方便。真空发生器广泛应用在工业自动化中的机械、电子、包装、印刷、塑料及机器人等领域。真空发生器的传统用途是与真空吸盘配合，进行各种物品的吸附、搬运，尤其适合于吸附易碎、柔软且薄的非铁、非金属材料或球形物体。

图 3-100　真空发生器实物图

在这类应用中，一个共同特点是所需的抽气量小，真空度要求不高且为间歇工作。

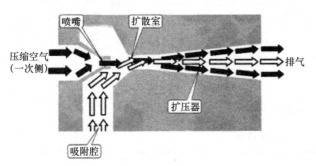

图 3-101　真空发生器工作原理示意图

真空发生器的工作原理是利用喷管高速喷射压缩空气，在喷管出口形成射流，产生卷吸流动，在卷吸作用下，使得喷管出口周围的空气不断地被抽吸走，吸附腔内的压力降至大气压以下，形成一定真空度，如图 3-101 所示。

3. 卡爪式夹持器

卡爪式夹持器分为弹力型、回转型和平移型三种类型。回转型夹持器开合占用空间较小，但是夹持中心变化。当手爪夹紧和松开物体时，手指做回转运动。当被抓物体的直径大小变化时，需要调整其手爪的位置才能保持物体的中心位置不变。平移型夹持器开合占用空间较大，但是夹持中心不变。手爪由平行四杆机构传动，当手爪夹紧和松开物体时，手指的姿态不变，做平动。常见的卡爪式夹持器如图 3-102 所示。

图 3-102　常见的卡爪式夹持器

 任务实施

工业机器人末端执行器气动回路设计及安装操作步骤：

（1）根据玻璃瓶特性合理选择真空吸盘。

（2）设计机器人末端执行器的气动回路。

（3）依照气动回路图选择气压元件，并检查元件是否完好。

（4）连接气动回路。

（5）将真空吸盘安装于机器人末端轴。

（6）确认安装和连接正确后，确定换向阀信号端口。

（7）编辑机器人调试程序。

（8）机器人试运行，实现既定动作。

 安排实训

1. 实训目的

（1）熟悉机器人末端执行器的选择。

（2）掌握气动回路的设计方法。

（3）掌握机器人末端执行器的安装方法。

2. 实训要求

（1）确保操作过程中的人身和设备安全。

（2）气动回路安装结束后应依照气动回路图检查气动元件是否和设计图纸一致。

（3）检查气动元件是否完好，保证机器人末端执行器的正常运行。

（4）机器人在试运行过程中应将机器人的运行倍率调到 10％以下，防止因机器人运行速度过快而产生的安全事故。

3. 实训计划

分组实施，根据表 3-13 安排计划时间，并填写工作计划表。

表 3-13　　　　　　　　　　　　工作计划表

步骤	内容	计划时间	实际时间	完成情况
1	整个练习的工作计划			
2	机器人末端执行元件选择			
3	气动回路设计			
4	气动元件选择			
5	气动回路连接			
6	末端执行器安装			
7	换向阀信号端口确认			
8	机器人调试程序编制			
9	机器人试运行			
10	成果展示			
11	成绩评估			

4. 设备及工具清单

根据实际需求，填写表 3-14 设备及工具清单。

表 3-14 设备及工具清单

序号	物品名	规格	数量	备注
1	机器人本体			
2	真空发生器			
3	换向阀			
4	气管			
5	气动三联件			
6	真空吸盘			
7	改刀			
8	内六角扳手			

 小 结

1. 通过机器人气动回路的学习，熟悉气动常用元件的工作原理和气动回路的类型。
2. 了解机器人常用末端执行器的类型和安装方法。

思考与练习

1. 简述常见气动压力控制回路及其用途。
2. 思考卡爪式夹持器主要应用在哪些场所。

项目4 工业机器人本体拆装

教学目标

1. 熟悉工业机器人机械本体的拆装方法。
2. 了解工业机器人的装配工艺。
3. 掌握常用机械拆装工具的使用方法。

项目概述

工业机器人机械本体拆装是工业机器人使用、维修和机器人生产装配必须掌握的技能之一。在机器人本体的拆装过程中涉及机器人拆卸和装配的流程、工艺要求以及常用工具的原理和使用方法，机器人装配是在整体拆卸完成后装配的，基于散件装配而完成的任务。其主要目的是把整个机器人本体系统模块化为三个部分，分别详细实训学习。本项目重点介绍机器人的拆装操作过程，从动手的过程中了解机器人拆装所必须掌握的知识和技能。

引导案例

某一企业在生产线改造过程中需安装一六轴机器人，机器人生产厂家在机器人搬运的过程中要将机器人拆卸下来然后运输到企业，在企业内部现场安装调试。本次案例以机器人拆卸和现场装配为背景，重点解决机器人拆卸和装配过程中涉及的操作流程、工艺要求及常用工具的使用方法。

任务1 工业机器人拆装前准备

任务介绍

某一工业机器人需现场拆卸，从而方便运输到使用厂家，为了安全操作，保护机器人设备和人身安全，在拆卸之前要对拆装过程做一定的准备工作，本次任务重点介绍机器人拆装之前的准备。

任务分析

机器人拆装前后需进行简单的操作。验证机器人的性能，需要提前排泄润滑油，防止在拆装过程中造成润滑油的损失和环境的污染，同时对于悬臂吊等较为大型的拆装工具也需提前检查。

 相关知识

一、润滑油

润滑油是用在各种类型汽车、机械设备上以减少摩擦，保护机械及加工件的液体或半固体润滑剂，主要起润滑、冷却、防锈、清洁、密封和缓冲等作用。

润滑油一般由基础油和添加剂两部分组成。基础油是润滑油的主要成分，决定着润滑油的基本性质，添加剂则可弥补和改善基础油性能方面的不足，赋予某些新的性能，是润滑油的重要组成部分。

润滑油按其来源分为动、植物油，石油润滑油和合成润滑油三大类。石油润滑油的用量占总用量 97％以上，因此润滑油常指石油润滑油。主要用于减少运动部件表面间的摩擦，同时对机器设备具有冷却、密封、防腐、防锈、绝缘、功率传送、清洗杂质等作用。润滑油最主要的性能是黏度、氧化稳定性和润滑性，它们与润滑油馏分的组成密切相关。黏度是反映润滑油流动性的重要质量指标。不同的使用条件具有不同的黏度要求。重负荷和低速度的机械要选用高黏度润滑油。氧化稳定性表示油品在使用环境中，由于温度、空气中氧以及金属催化作用所表现的抗氧化能力。油品氧化后，根据使用条件会生成细小的沥青质为主的碳状物质，呈黏滞的漆状物质或漆膜，或黏性的含水物质，从而降低或丧失其使用性能。润滑性表示润滑油的减磨性能。

二、工具使用

1. 悬壁吊的结构及特点

机器人的零部件大多由密度较大的金属、合金等制成。部分零部件在安装过程中如果依靠人力来搬运调整安装位置，是很困难和不安全的。一般来说在机器人安装、拆卸现场都布置有悬臂吊，如图 4-1 所示。

悬臂吊起重机工作强度为轻型，起重机由立柱、回转臂回转驱动装置及电动葫芦组成，立柱下端通过地脚螺栓固定在混凝土基础上，由摆线针轮减速装置来驱动悬臂回转，电动葫芦在悬臂工字钢上作左右直线运行，并起吊重物。起重机旋臂为空心型钢结构，自重轻，跨度大，起重量大，经济耐用。内置式行走机构，采用带滚动轴承的特种工程塑料走轮，摩擦力小，行走轻快；结构尺寸小，特别有利于提高吊钩行程。

2. 悬臂吊使用方法（图 4-2）

搬运机器人的时候，不能够用悬臂吊搬运整体机器人。同时悬臂吊也不能搬运电控

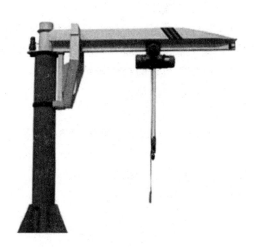

图 4-1　悬臂吊

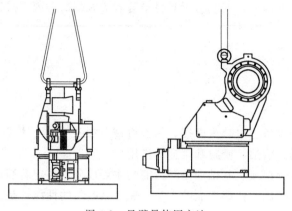

图 4-2　悬臂吊使用方法

柜、装配台。悬臂吊只能够用于搬运机器人零件，不能够用于搬运其他物品。

3. 悬臂吊使用注意事项

（1）悬臂吊的使用范围：用于调运机器人底座装配体、电机转座、转座，严禁用于调运电控柜、装配桌。

（2）通过悬臂吊调运机器人或者机器人零件时，手扶着重物。

（3）每次使用悬臂吊时，注意按钮开关上面的方向。

4. 悬臂吊安全操作规程

（1）操作人员经考试取得特殊工种操作证方可进行操作，并应熟悉所操作悬壁吊的性能、结构、传动系统。

（2）开动前必须进行以下各项检查，并排除不正常现象后，才准使用。

① 吊钩吊头、滑轮有无裂纹等缺陷。

② 钢丝绳是否完好，在卷筒上固定是否牢固，有无脱槽现象。

③ 大车、小车及起升机构的制动器是否安全可靠。

④ 各传动机构是否正常；各安全开关是否灵敏可靠，起升限位及大小车限位是否正常，升降电机制动器是否正常。

⑤ 行车运行时有无异声。

（3）严禁超范围使用，必须遵守"十不吊"规定。

① 超过定额负荷不吊。

② 指挥信号不明，重量不明，光线昏暗不吊。

③ 行车吊挂重物直接进行加工不吊。

④ 吊索和附件捆缚不牢，不符合安全要求不吊。

⑤ 歪拉斜挂不吊。

⑥ 工件上站人或工件上浮放活动物不吊。

⑦ 氧气瓶、乙炔瓶等高压气瓶具有爆炸性物不吊。

⑧ 带棱角刃口的物件未垫好不吊。

⑨ 埋在地下的物件不吊。

⑩ 违章指挥时不吊。

（4）进行作业时，尽量保持被吊物平衡，吊钩转动时不准起升，防止钢丝绳出槽。

（5）禁止吊车吊着重物在空中长时间停留，吊车吊着重物时，操作者不得随意离开。

（6）禁止两台吊车同吊一重物。

（7）禁止把限位器当作开关使用。

（8）禁止把控制按钮电源线环绕在钢丝绳中起吊。

（9）禁止操纵按钮开关活有油污及潮湿，严禁敲打撞击按钮组开关。

（10）禁止在钢丝绳磨损严重情况下起吊。

（11）工作后，将吊车开到指定地点或安全地方，切断电源。做好安全处理，防止溜车。

三、机器人整体运动演示安全事项

（1）在拆装前后进行机器人演示时，操作人员应经过简单培训方可进行。具体机器人控制操作可参考华数配套相关教程。

（2）在整体机器人运行演示过程中，所有人员均站在围栏外进行，以免发生碰撞事故。

（3）机器人设备运行过程中，即使在中途机器人看上去已经停止时，也有可能机器人正在等待启动信号处在即将运动状态，所以此时也视为机器人正在运动，人员也应该站在护栏外。

（4）机器人演示运动时，运行速度尽量调低，确定末端运动轨迹正确时方可进一步增大运行速度。

四、机器人拆装过程中安全事项

（1）拆装过程中，注意部件轻拿轻放。特别重的部件（如底座）应用悬臂吊吊装，注意吊装方式正确，检查吊装的固定方式是否稳定。

（2）机器人减速机测试时，戴上防护眼镜，以防油脂飞溅到眼睛内。

（3）拆装过程中的所有工具和零件不得随意乱放，必须放在指定位置，以防工具或零件掉落伤人。

（4）桌面 A 和桌面 B 均只能承重机器人规定承重零件及拆装使用工具，严禁承重其他重物。

 任务实施

一、工业机器人基本准备工作步骤

1. 机器人简单运动

通过示教器手动示教机器人运动，确定机器人各个轴能够运动，以防止在拆装以后，不能够正常运行。同时不能运动时也能够找到故障原因，确定故障部件。

2. 排油准备

由于在机器人运动过程中，机器人减速机必须在足够的油脂下才能够正常运行，所以需要准备好各个轴的减速机的油脂情况，4 轴、5 轴和 6 轴减速机自带油脂，不需要排出。1 轴、2 轴和 3 轴需要排出油脂，排出量：1 轴：350mL；2 轴：295mL；3 轴：248mL。

3. 排油方法

取下 1 轴出油口和进油口的螺钉。

在进油口用气管向减速机里面吹气，出油用华数特制工具把油导出。

当油脂吹出量非常小时，通过示教器转动 1 轴，继续往里面吹气，吹出油脂，直至没有油脂吹出为止。

二、注意事项

（1）油脂是 Nabtesco 公司制造的润滑脂，黄色、浓稠度高，在吹油脂的时候，戴上防护眼镜以防弄到身体上或者眼睛里。

（2）在转动轴的时候，速度调慢。因为在吹出油渍的时候，减速机里面的油脂过少，高速运动的情况，易损坏减速机。

（3）在排油中，注意力集中，握住气管，不要使气管乱摆。

（4）清理装配桌 A 的使用工具，整齐摆放在桌面上（工具包括：加长内六角扳手、内六角扳手、套筒、橡胶父插、卡簧钳、铜棒、扭力扳手、电筒等）。

 安排实训

1. 实训目的

（1）熟悉机器人简单操作。

（2）掌握悬臂吊的使用方法。

（3）了解机器人拆装前的准备工作。

（4）熟悉机器人拆装过程中的安全事项。

2. 实训要求

（1）确保操作过程中的人身和设备安全。

（2）能对机器人运行进行简单的检测。

（3）能操作悬臂吊，了解悬臂吊的使用方法。

3. 实训计划

分组实施，根据表 4-1 安排计划时间，并填写工作计划表。

表 4-1　　　　　　　　　　　　　　工作计划表

步骤	内容	计划时间	实际时间	完成情况
1	整个练习的工作计划			
2	工业机器人操作检测			
3	悬臂吊使用			
4	机器人拆装前安全事项排查			
5	机器人润滑油排泄			
6	成果展示			
7	成绩评估			

4. 设备及工具清单

根据实际需求，填写表 4-2 设备及工具清单。

表 4-2　　　　　　　　　　　　　　设备及工具清单

序号	物品名	规格	数量	备注
1	机器人本体			
2	悬臂吊			
3	润滑油			
4	十字改刀			
5	储油盒			

小　　结

1. 了解悬臂吊的应用范围及使用方法。
2. 掌握机器人润滑油的排泄方法。
3. 熟悉机器人拆卸前检查及安全注意事项。

 思考与练习

1. 选择润滑油主要参考哪些指标？
2. 机器人拆装过程中主要存在哪些安全隐患？

任务 2　工业机器人 5~6 轴拆卸

 任务介绍

某一工业机器人需现场拆卸，从而方便运输到使用厂家，在机器人的拆卸过程中一般从 6 轴至 1 轴逆向拆卸，本次任务重点介绍机器人 5~6 轴的拆卸方法。

 任务分析

机器人 5~6 轴的拆卸主要涉及伺服电机、传送带、机械零件配合等相关内容，拆卸的过程中有些零件存在先后的顺序关系，在拆卸过程中规范的操作对于机器人的使用寿命及运行精度有着至关重要的作用，本次任务重点介绍 5~6 轴的拆卸过程。

 相关知识

1. 螺丝刀

螺丝刀是一种用来拧转螺丝钉以迫使其就位的工具，通常有一个薄楔形头，可插入螺丝钉头的槽缝或凹口内——也称"改锥"，主要有"一字"（负号）和"十字"（正号）两种（图 4-3）。常见的还有六角螺丝刀，包括内六角和外六角两种。在拆装前需熟读机器人结构说明，明确机器人所有螺丝型号，应备齐对应的螺丝刀后方可进行机器人拆装工作。

2. 内六角扳手

内六角扳手（图 4-4、图 4-5）也叫艾伦扳手。常见的英文名字有 "Allen key（或 Allen wrench）" 和

图 4-3　螺丝刀

"Hex key（Hex wrench）"。它通过扭矩施加对螺丝的作用力，大大降低了使用者的用力强度，是工业制造业中不可或缺的得力工具。常见机器人零部件连接中均使用了大量内六角螺钉。在使用内六角扳手拆卸螺钉时，应先手持长柄部分拧螺钉，以减小拆卸力；待螺钉拧松后，手持短柄部分拧螺钉，以加快拆卸速度。安装螺钉时，操作与上述步骤相反。

3. 铜棒

机器人的安装过程中，会遇到很多小过盈配合（轴径略微大于孔径）的零部件安装，

图 4-4　普通内六角扳手

图 4-5　球头内六角扳手

单单靠人力难以直接将零件安装到位，所以需要依靠工具敲打，来使工件安装到位。

工业上一般使用铜棒（图 4-6）来完成这一工作。因为铜棒硬度比钢、铁等金属小，所以，在敲打的时候工件所受到的瞬间冲击小，不容易变形，如果使用钢件敲打钢件，容易使工件变形，造成装配不合格。

4. 三爪拉马

三爪拉马是机械维修中经常使用的工具，主要用来将轴承、带轮等从轴上拆卸下来。如图 4-7 所示，它主要是由旋柄、螺旋杆和拉爪组成，其主要尺寸为拉爪长度、拉爪间距、螺杆长度，因为需要适应不同直径及不同轴向安装深度的轴承、带轮等。

图 4-6　铜棒

图 4-7　三爪拉马

以拆卸轴承为例，使用时，将螺杆顶尖定位于轴端尖孔调整拉爪位置，使拉爪挂钩于轴承外环，旋转旋柄使拉爪带动轴承沿轴向向外移动拆除。

 任务实施

1. 工业机器人 5～6 轴拆卸的基本步骤方法

图 4-8　小臂侧盖

本体拆卸顺序为从六关节机器人末端开始向底座拆卸，拆卸后依部件所标注编号放入对应部件储存处。具体步骤如下：

（1）首先断掉电源，拆卸小臂侧盖（图 4-8），为拆卸小臂内伺服电机创造拆卸空间。拆卸后的侧盖和螺钉存放在对应的标签处。

（2）拆卸掉小臂对应的 5、6 轴伺服电源线，注意不要损坏伺服电机、电机线路接头，拧下手腕体连接盖的螺丝，取下 6 轴伺服电机组合。

（3）如图 4-9、图 4-10 所示，拆卸 6 轴 M6 螺钉，把螺钉放在对应标签处。取下 6 轴电机组放在对应的标签处。在此完成 6 轴组合的拆卸工作。

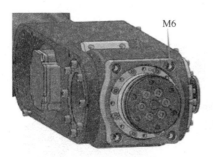

图 4-9　6 轴组合拆卸

图 4-10　6 轴组合

（4）如图 4-11 所示，拧松 5 轴电机板并拔出螺丝，取出 5 轴同步带、5 轴电机组合、5 轴电机板，放在对应编号处。

注意：严禁划伤同步带、损伤伺服电机线缆。

（5）如图 4-12 所示，拧松 5 轴支撑套的螺丝 M5，再通过顶丝把支撑套顶出，放入对应编号处。

注意：如果通过顶丝顶出轴承支撑座时损伤了小臂支撑座表面，请用细磨砂纸进行表面磨平，无粗糙感。

图 4-11　5 轴拆卸

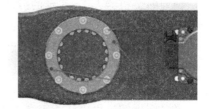

图 4-12　5 轴支撑套拆装

（6）如图 4-13 所示，首先通过加长六角扳手把手腕连接体的连接螺钉 M3 拆卸下来，然后拧下手腕体连接处的螺丝 M4，稍微用力搬动手腕体，让其连接处的密封胶脱落。

注意：润滑油会溢出。

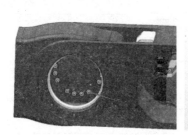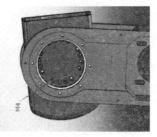

图 4-13　手腕松动

（7）如图 4-14、图 4-15、图 4-16 所示，拧下 5 轴减速机螺丝，取下 5 轴减速机组合及手腕体，放入对应编号处。完成对手腕体的拆卸任务，然后把取出手腕体后剩下的 5 轴减速机螺丝 M3 拧下，取下减速机组合和手腕体，拆分手腕体的轴承，存放在相应的标签处。完成 5～6 轴的拆卸任务。

2. 注意事项

（1）严禁强力敲打减速机。

（2）防止异物进入减速机内部。

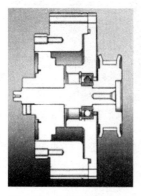  

图 4-14　5 轴减速机组合　　　　图 4-15　手腕拆卸　　　　图 4-16　轴手腕

 安排实训

1. 实训目的

（1）熟悉机器人 5～6 轴的拆卸过程。

（2）掌握机器人常用工具的使用方法。

（3）熟悉机器人 5～6 轴的拆卸工艺。

2. 实训要求

（1）确保操作过程中的人身和设备安全。

（2）在拆卸过程中注意工艺要求，保障机器人的使用寿命。

3. 实训计划

分组实施，根据表 4-3 安排计划时间，并填写工作计划表。

表 4-3　　　　　　　　　　　　　　工作计划表

步骤	内容	计划时间	实际时间	完成情况
1	整个练习的工作计划			
2	拆卸工具领取			
3	5～6 轴拆卸			
4	成果展示			
5	成绩评估			

4. 设备及工具清单

根据实际需求，填写表 4-4 设备及工具清单。

表 4-4   设备及工具清单

序号	物品名	规格	数量	备注
1	机器人本体			
2	普通内六角扳手			
3	球头内六角扳手			
4	铜棒			
5	改刀			

 小　结

通过机器人拆卸过程，熟悉机器人拆卸方法和工艺要求，合理选用拆卸工具。

 思考与练习

1. 机器人 5 轴拆卸过程中传送带的拆卸需要注意哪些事项？
2. 在拆卸过程中如何保障螺栓的装配精度？

任务 3　工业机器人 3～4 轴拆卸

 任务介绍

某一工业机器人需现场拆卸，从而方便运输到使用厂家，在机器人的拆卸过程中一般从 6 轴至 1 轴逆向拆卸，本次任务重点介绍了机器人 3～4 轴的拆卸方法。

 任务分析

机器人 3～4 轴的拆卸主要涉及伺服电机、减速器、机械零件配合、润滑油等相关内容，拆卸的过程中有些零件存在先后的顺序关系，在拆卸过程中规范的操作对于机器人的使用寿命及运行精度有至关重要的作用，本次任务重点介绍了 3～4 轴的拆卸过程。

 任务实施

●工业机器人 3～4 轴拆卸基本步骤方法：

（1）拆下电机座后盖（图 4-17），放入对应编号处，再将伺服电机线从 4 轴减速机的套筒孔取出。

（2）如图 4-18、图 4-19、图 4-20 所示，拆卸电机座顶上平圆头螺钉 M5，拧下 4 轴电机安装板的螺钉，松掉电机带轮皮带，取下四轴电机组合。然后取下 4 轴电机组合平圆头螺钉，拧下 4 轴电机螺丝，取下皮带与伺服电机组合存放入相应存放单元中。

（3）如图 4-21、图 4-22 所示，拆卸小臂与电机座固定螺钉 M5×50，取下小臂，放在装配桌 B 上，拆卸小

图 4-17　电机座后盖

臂与 4 轴减速机套筒，套筒放到对应编号处，小臂放置在装配桌 B 上。

图 4-18　电机座剖面图

图 4-19　拆卸 4 轴电机座

图 4-20　轴电机组合

图 4-21　小臂拆卸

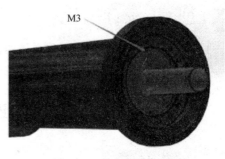

图 4-22　减速机套筒拆卸

（4）如图 4-23、图 4-24 所示，松掉 4 轴减速机螺丝，取下 4 轴减速机，轻放于对应编号处。完成对机器人小臂的拆卸任务。

注意：

① 拆装时严禁强力敲打减速机。

② 严禁碰撞减速机。

③ 把电机座固定在装配桌 B 上的夹具上。

（5）如图 4-25、图 4-26 所示，松开电机座侧面的波纹管接头，取下波纹管及其线缆（注意：取电机座侧盖时应注意不要将电机线的接头弄坏）。松掉电机座侧盖螺钉，放在对应编号

图 4-23　轴减速机拆卸

处；松掉 3 轴伺服电机的螺丝，小心取出 3 轴伺服电机（注意：防止损伤减速机输入轴），取出电机放在对应编号处。

（6）如图 4-27 所示，取下大臂上的旋转固定块，均放到对应编号处。

（7）如图 4-28 所示，拧下 M10 的螺钉，取下电机座。把取下的电机座放在装配桌 B 上（注意：减速机内部装有油，取时注意油会流出）。

（8）如图 4-29 所示，在装配桌 B 上或者装配桌 B 上工装夹具上，取下 3 轴减速机放在对应编号处。完成机器人电机座的拆卸工作。

注意：

① 减速机表面的大块油脂要清理掉，少量的油脂可以保留在减速机上面，带油脂保存。

图 4-24　轴减速机组合

图 4-25　电机座固定

图 4-26　拆卸 3 轴电机

图 4-27　大臂旋转块

图 4-28　拆卸 4 轴电机座

图 4-29　拆卸 3 轴减速机

② 减速机严禁强力碰撞和用金属敲打。

安排实训

1. 实训目的

（1）熟悉机器人 3～4 轴拆卸过程。

（2）掌握机器人常用工具的使用方法。

（3）熟悉机器人 3～4 轴拆卸工艺。

2. 实训要求

（1）确保操作过程中的人身和设备安全。

（2）在拆卸过程中注意工艺要求，保障机器人的使用寿命。

3. 实训计划

分组实施，根据表 4-5 安排计划时间，并填写工作计划表。

4. 设备及工具清单

根据实际需求，填写表 4-6 设备及工具清单。

表 4-5　　　　　　　　　　　　　　　　工作计划表

步骤	内容	计划时间	实际时间	完成情况
1	整个练习的工作计划			
2	拆卸工具领取			
3	3~4 轴拆卸			
4	成果展示			
5	成绩评估			

表 4-6　　　　　　　　　　　　　　　　设备及工具清单

序号	物品名	规格	数量	备注
1	机器人本体			
2	普通内六角扳手			
3	球头内六角扳手			
4	铜棒			
5	改刀			

 小　　结

通过机器人拆卸过程，熟悉机器人拆卸方法和工艺要求，合理选用拆卸工具。

 思考与练习

1. 机器人 3 轴拆卸过程中需要注意哪些事项？

2. 在拆卸过程中如何保障减速机的安全？

任务 4　工业机器人 1~2 轴拆卸

 任务介绍

　　某一工业机器人需现场拆卸，从而方便运输到使用厂家，在机器人的拆卸过程中一般从 6 轴至 1 轴逆向拆卸，本次任务重点介绍了机器人 1~2 轴的拆卸方法。

 任务分析

　　机器人 1~2 轴的拆卸主要涉及伺服电机、减速器、机械零件配合、润滑油等相关内容，拆卸的过程中有些零件存在先后的顺序关系，在拆卸过程中规范的操作对于机器人的使用寿命及运行精度有至关重要的作用，本次任务重点介绍了 1~2 轴的拆卸过程。

 相关知识

　　1. 扳手

　　扳手（图 4-30、图 4-31）是利用杠杆原理拧转螺栓、螺钉、螺母的手工工具。扳手通常在柄部的一端或两端制有夹柄，在柄部施加外力，就能拧转螺栓或螺母。

图 4-30　普通扳手

图 4-31　活动扳手

扳手通常用碳素结构钢或合金结构钢制造。

2. 塑料锤

塑料锤作用与铜棒类似，一般来说，过盈配合的工件无法靠人力完全安装到位，可用塑料锤（图 4-32）进行敲击，完成安装。例如齿轮轴与电动机输出轴为过盈配合，安装时，将齿轮轴插在电动机输出轴上，用塑料锤轻轻沿轴线方向敲击齿轮轴上端，直到齿轮轴和电机输出轴配合到位。

图 4-32　塑料锤

 任务实施

●工业机器人 1~2 轴拆卸基本步骤：

（1）取下大臂与转座的减速机螺丝，卸掉大臂，把大臂放在工作站空隙处。安装面用保鲜薄膜进行防尘处理。

（2）把 2 轴的电机的螺丝取下，取出电机及减速机输入轴，放在对应编号处。把固定在转座的 2 轴减速机螺丝拧下，取出减速机，完成机器人大臂的拆卸工作。

注意：

① 减速机表面的大块油脂要清理掉，少量的油脂可保留在减速机上面，带油脂保存。

② 减速机和电机严禁强力碰撞及用金属敲打。

③ 注意安全，防止减速机伤害本体。

④ 减速机及传动轴带油脂对应存放。

（3）转动转座，拆卸 2 轴伺服电机 M8 螺栓，拆卸掉伺服电机，取下伺服电机上面的减速轴，放入保存袋中，存放对应编号处。

（4）转动转座，用内六角扳手卸除 2 轴减速机上的 M8 螺丝，取带油脂存入保存袋中，存放对应编号处。

（5）使用棘轮扳手、转接杆、M14 旋具头进行拆卸、固定转座螺钉。

（6）取下机器人底座上的航插板，把机器人本体的线存放在对应的编号处。

（7）通过悬臂吊调运底座装配体上的 M12 调运环，把装配体调运到装配桌 A 上，如图 4-33 所示。

（8）如图 4-34 所示，用内六角扳手卸除 1 轴伺服电机上的 M8 螺丝，取出伺服电机，

波纹管固定座

M12调运环

图 4-33　机器人底座

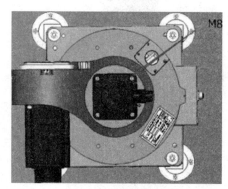

图 4-34　轴电机拆卸

取下传动轴，带油脂存入保存带中，存放对应编号处。

（9）如图 4-35 所示，用悬臂吊起转座，运输到桌子 A 转配处，拆卸 1 轴减速机上的螺丝，取出减速机。

调运方式：

① 用卸扣连接调运环和调运带。

② 让调运带穿过底座。

③ 平行调运到装配桌 A 上。

④ 取下调运带和卸扣。

图 4-35　吊装方式

（10）取底座的螺丝，把底座搬运到悬臂吊处，然后用保鲜袋把底座封好，防止粉尘到减速机安装面上。

（11）整理拆装工作站，打扫清洁。

 安排实训

1. 实训目的

（1）熟悉机器人 1～2 轴拆卸过程。

（2）掌握机器人常用工具的使用方法。

（3）熟悉机器人 1～2 轴拆卸工艺。

2. 实训要求

（1）确保操作过程中的人身和设备安全。

（2）在拆卸过程中注意工艺要求，保障机器人的使用寿命。

3. 实训计划

分组实施，根据表 4-7 安排计划时间，并填写工作计划表。

表 4-7　　　　　　　　　　　　工作计划表

步骤	内容	计划时间	实际时间	完成情况
1	整个练习的工作计划			
2	拆卸工具领取			
3	1～2 轴拆卸			
4	成果展示			
5	成绩评估			

4. 设备及工具清单

根据实际需求，填写表 4-8 设备及工具清单。

表 4-8　　　　　　　　　　　　设备及工具清单

序号	物品名	规格	数量	备注
1	机器人本体			
2	普通内六角扳手			
3	球头内六角扳手			
4	铜棒			
5	改刀			

 小　　结

通过机器人拆卸过程，熟悉机器人拆卸方法和工艺要求，合理选用拆卸工具。

 思考与练习

1. 机器人 2 轴拆卸过程中需要注意哪些事项？

2. 在悬臂吊使用的过程中需要注意哪些安全事项？

任务 5　工业机器人 1~2 轴装配

 任务介绍

某一工业机器人在零件生产完成后需要进行现场装配和调试，机器人整体装配的过程基本是整体拆装过程的逆过程，装配的总体过程是从底座依次装配至末端。本小节重点介绍了工业机器人 1～2 轴的安装过程。

任务分析

由于机器人1~2轴的安装属于大件安装，因此在安装的过程中合理地选用安装工具、注意设备和人身安全是非常有必要的。安装结束后要对安装好的电机——通电检测，只有机器人1~2轴基础安装可靠，机器人在后期的安装中才能达到安装精度。

 相关知识

1. 万用表

万用表（图4-36）又称为复用表、多用表、三用表、繁用表等，是电力电子等部门不可缺少的测量仪表，一般用来测量电压、电流、电阻。万用表按显示方式分为指针万用表和数字万用表，是一种多功能、多量程的测量仪表。一般万用表可测量直流电流、直流电压、交流电流、交流电压、电阻和音频电平等，有的还可以测量电容量、电感量及半导体的一些参数（如 β）等。在机器人电气拆装中主要用于检测接线是否正确。

图4-36　万用表　　图4-37　斜口钳　　图4-38　自动剥线钳　　图4-39　磨齿剥线钳

2. 斜口钳

斜口钳（图4-37）主要用于剪切导线，元器件多余的引线，还常用来代替一般剪刀剪切绝缘套管、尼龙扎线卡等。

3. 剥线钳

剥线钳（图4-38、图4-39）为内线电工，电动机修理、仪器仪表电工常用的工具。专供电工剥除电线头部的表面绝缘层用。

4. 压线钳

压线钳（图4-40、图4-41）是电工在电路作业维修中进行导线压接的必要工具。

图4-40　棘轮式端子压线钳　　　　　　　　图4-41　自调式压线钳

任务实施

1. 工业机器人 1~2 轴装配基本步骤

（1）如图 4-42 所示，把 1 轴减速机通过螺栓 M8（12.9 级）固定在转座上，先等边三角形带入螺栓，通过扭力扳手等边三角形拧紧，扭矩为（37.2±1.86）N·m。

注意：

① 减速机上的密封圈勿忘记套上。

② 拆装减速机的时候，使用专用一次性手套。

③ 在给减速机成三角形拧紧螺钉时，扭矩按照 50%、80%、100% 进行递增。

（2）将传动轴套入减速机中手动转动减速机，检查减速机是否转动。

（3）在阴影部分均匀地涂抹密封胶（图 4-43）。

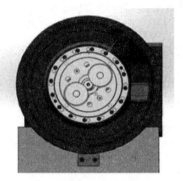

图 4-42　轴减速机装配

图 4-43　电机涂抹密封胶

（4）在装配桌 A 中，把 1 轴的减速机传动轴安装在相对应的伺服电机上，把装配好的伺服电机安装在转座上，先通过预紧螺丝，对角扭力扳手锁紧。

（5）把 1 轴伺服电机的电源线和编码器线分别接通，打开电源，通过示教器先低速测试减速机的是否能够转动。

注意：

① 转动应顺畅，无卡滞现象、无抖动现象。

② 断电连接编码器线和电源线。

（6）通过听诊器检查减速机的声音是否带有"咔咔"的声音，若有明显的声音，请立即暂停减速机转动，关掉电源，检查装配过程的问题。

（7）如果装配无问题，即可进行 1 轴简单运动演示，在此完成 1 轴电机和减速机装配工作。

注意事项：

① 装配过程中注意安全。

② 装配过程中应保持零件干净，零件表面无杂质。

③ 减速机严禁强力敲打及碰撞。

④ 上密封圈时严禁强力拉扯及划伤密封圈。

⑤ 密封胶不能进入减速机内部。

⑥ 单独减速机检测时，尽量保证里面有一定量的油脂。

建议事项：

① 前期学生练习过程中，可以不使用密封胶，防止学生不熟悉而导致密封胶进入减速机内部。

② 单独减速机检测时，尽量保证齿轮间有油脂。

（8）按机器人1轴的安装方法安装机器人2轴，方法步骤同上。

图 4-44 底座装配体

（9）在1轴减速机上对角拧定位销，通过悬臂吊调运转座装配体到底座上，1轴减速上定位销对准底座沉头空，使用"125mm连接杆""M12旋具头"扭力扳手把底座与旋转座装配体连接。先对角预紧螺栓，通过扭力扳手预紧，扭矩为（204.8±10.2）N·m（图 4-44）。

（10）把装好的组合体，连接好编码器和电源线，通上电源，测试1轴减速机与底座安装是否正确。

调运注意事项：

① 调运环一定要拧紧。

② 调运带不能够套在工装上面，调运带一定要在卸扣槽中。

（11）通过听诊器检查减速机的声音是否带有"咔咔"的声音，若有明显的声音，请立即暂停减速机转动，关掉电源，检查装配过程的问题。

注意事项：

① 装配过程中注意安全。

② 装配过程中应保持零件干净，零件表面无杂质。

③ 减速机严禁强力敲打及碰撞。

④ 上密封圈时严禁强力拉扯及划伤密封圈。

2. 1～2 轴整体装配

（1）如图 4-45 所示，首先在装配桌 A 上完成 1～2 轴装配。再用悬臂吊调 1～2 轴装配体至机器人的安装位置，预紧螺栓 M16，对角扭力扳手锁紧，扭矩为 250.8N·m，完成 1～2 轴的装配。

（2）如图 4-46 所示，机器人大臂安装时可采取一人把大臂对准 2 轴减速机的轴端安装孔位上，同时一人先预紧减速机的螺栓。采用对角锁紧扭力扳手锁紧方式，扭矩为（128.4±6.37）N·m。

图 4-45 2 轴装配体固定

图 4-46 大臂安装

安排实训

1. 实训目的

（1）熟悉悬臂吊等机器人常用装配工具的使用。

（2）掌握伺服电机的检测方法。

（3）熟悉机器人装配的工艺流程。

2. 实训要求

（1）确保操作过程中的人身和设备安全。

（2）在拆卸过程中注意工艺要求，保障机器人的使用寿命。

3. 实训计划

分组实施，根据表 4-9 安排计划时间，并填写工作计划表。

表 4-9　　　　　　　　　　　　　　**工作计划表**

步骤	内容	计划时间	实际时间	完成情况
1	整个练习的工作计划			
2	1 减速机装配			
3	1 轴伺服电机装配			
4	1 轴电机装配检测			
5	2 减速机装配			
6	2 轴伺服电机装配			
7	2 轴电机装配检测			
8	1、2 轴整体装配			
9	成果展示			
10	成绩评估			

4. 设备及工具清单

根据实际需求，填写表 4-10 设备及工具清单。

表 4-10　　　　　　　　　　　　　　**设备及工具清单**

序号	物品名	规格	数量	备注
1	机器人本体			
2	悬臂吊			
3	扭力扳手			
4	万用表			
5	改刀			
6	装配桌			
7	固紧螺栓			
8	密封胶			

 小　　结

1. 通过机器人伺服电机的装配，熟悉电机的装配工艺和电机检测方法。

2.通过机器人J1~J2轴的安装,掌握机器人常用装配工具的使用方法、机器人的装配流程。

 思考与练习

1.机器人装配过程中,螺栓的扭力如何来选择?

2.机器人J1轴装备有哪些工艺要求?

3.为什么减速机装配完成后需要通电检测?

任务6　工业机器人3~4轴装配

 任务介绍

某一工业机器人在零件生产完成后需要进行现场装配和调试,机器人整体装配的过程基本是整体拆装过程的逆过程,装配的总体过程是从底座依次装配至末端。本小节重点介绍工业机器人3~4轴的安装过程。

 任务分析

机器人3~4轴的安装涉及减速机的安装和润滑油的注入,在润滑油的注入过程中要注意保护环境,不得将润滑油喷洒到减速机外部,造成环境污染,在减速机和伺服电机的安装过程中要按照安装要求用扭力扳手将螺栓打到指定的扭力要求,同时对于减速机的安装要注意保护减速机的机械部件,不得出现在运行过程中打齿轮的现象。

 相关知识

在机器人的装配中,很多螺钉的预紧力是有严格要求的,我们可以用力矩扳手来很方便地保证每颗螺钉的预紧力达到要求。力矩扳手的外形如图4-47所示。

1.特点

(1)有预设扭矩数值和声响装置。当紧固件的拧紧扭矩达到预设数值时,能自动发出"咔嗒"一声,同时伴有明显的手感振动,提示完成工作。解除作用力后,扳手各相关零件能自动复位。

图4-47　力矩扳手

(2)可切换两种方向。拨转棘轮转向开关,扳手可逆时针加力。

(3)公、英制双刻度线,手柄微分刻度线,读数清晰、准确。

(4)合金钢材料锻制,坚固耐用,寿命长。

(5)精确度符合ISO 6789—2003规定。

2.使用方法

(1)根据工件所需扭矩值要求,确定预设扭矩值。

(2)预设扭矩值时,将扳手手柄上的锁定环下拉,同时转动手柄,调节标尺主刻度线和微分刻度线数值至所需扭矩值。调节好后，松开锁定环，手柄自动锁定。

（3）在扳手方榫上装上相应规格套筒，并套住紧固件，再在手柄上缓慢用力。施加外力时必须按标明的箭头方向。当拧紧到发出信号"咔嗒"声（已达到预设扭矩值），停止加力。一次作业完毕。

（4）大规格力矩扳手使用时，可外加接长套杆以便操作省力。

（5）如长期不用，调节标尺刻线退至扭矩最小数值处。

 **任务实施**

1. 工业机器人 3～4 轴装配基本步骤

（1）准备装配 3、4 轴物料与装配工具。把 3 轴电机座放到装配桌 B 上。

（2）如图 4-48 所示，把 3 轴减速机输出轴通过螺栓 M6（12.9 级）固定在转座上，先等边三角形带入螺栓，通过扭力扳手等边三角形拧紧，扭矩为（37.2±1.86)N·m。

（3）如图 4-49 所示，3 轴减速机传动轴装入 3 轴电机上，通过长螺钉 M5 锁紧。

（4）在装配桌 B 上，把装配好的伺服电机安装在转座上，先通过预紧螺丝，对角锁紧。

图 4-48 轴减速机装配

图 4-49 轴装配

（5）把 4 轴谐波减速机连接法兰通过 M5（12.9 级）固定在电机座上，先预紧螺丝，顺时针间隔拧紧，然后顺时针拧紧剩余螺栓，如图 4-50 所示，通过扭力扳手等边三角形拧紧，扭矩为 9N·m。

（6）平圆头 M5 穿过电机座，把 4 轴电机组合稍微连接在电机座里面，成对角预紧螺钉，对角锁紧螺钉。

注意：

① 预先在 4 轴减速机与 4 轴电机端套入皮带。

② 套入 M5 方便安装电机。

③ 预紧 4 轴电机皮带，确定皮带松紧合适后，锁紧螺钉。

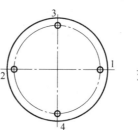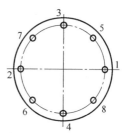

图 4-50 螺钉锁紧方式

（7）把电机座装配体通过 M8×25 固定装配桌 B，锁紧，如图 4-51、图 4-52 所示。

图 4-51　轴减速机装配

M8

图 4-52　固定电机座装配体

（8）把 3、4 轴伺服电机的电源线和编码器线分别接通，打开电源，通过示教器先低速测试减速机是否能够转动。

注意：

① 转动应顺畅，无卡滞现象、无抖动现象。

② 断电连接编码器线和电源线。

（9）通过听诊器检查减速机的声音是否带有"咔咔"的声音或者 4 轴皮带带轮声音过大，若有明显的声音，请立即暂停减速机转动，关掉电源，检查装配过程的问题。

注意事项：

① 装配过程中注意安全。

② 装配过程中应保持零件干净，零件表面无杂质。

③ 减速机严禁强力敲打及碰撞。

④ 上密封圈时严禁强力拉扯及划伤密封圈。

（10）当伺服电机和减速机在安装平台上安装结束后把 3 轴电机、3 轴减速机均安装在 3 轴电机座上。

（11）让 3 轴减速机输出轴孔与大臂的连接法兰的轴孔对齐，拧入螺丝，预紧，对角扭力扳手拧紧，扭力值（37.2±1.86）N·m，在此完成 3～4 轴电机座初步的装配工作（图 4-53）。

（12）在安装好电机转座以后，在本体上面安装 4 轴减速机、4 轴电机组合。

2. 减速机加油

4、5、6 轴减速机没有拆装，并且自带润滑脂，不需要加入润滑脂，只需要在 RV 减速机中加入足够的油脂。

图 4-53　J3-4 轴装配

（1）在钢盾黄油枪中加入减速机专用润滑脂，打开 1 轴注油口和出油口螺丝孔，在 1 轴注油孔中，注入 350mL 润滑脂后，顺时针在螺钉上缠绕合适的生料带，拧入螺钉。

（2）清理机器人上滴落的润滑脂。

（3）2 轴减速机、3 轴减速机同理加入润滑脂，加入量：2 轴：295mL；3 轴：248mL。

安排实训

1. 实训目的

(1) 掌握扭力扳手的使用方法。

(2) 熟悉减速机润滑油的注入方法。

(3) 掌握机器人 3～4 轴安装的工艺要求。

2. 实训要求

(1) 确保操作过程中的人身和设备安全。

(2) 在电机和减速机的通电调试过程中应多次检查减速机的齿轮配合情况，如有意外请立即断电，防止减速机打齿轮。

3. 实训计划

分组实施，根据表 4-11 安排计划时间，并填写工作计划表。

表 4-11　　　　　　　　　　　　　　工作计划表

步骤	内容	计划时间	实际时间	完成情况
1	整个练习的工作计划			
2	减速机部件安装			
3	减速机试运行			
4	伺服电机机器人本体安装			
5	减速机机器人本体安装			
6	成果展示			
7	成绩评估			

4. 设备及工具清单

根据实际需求，填写表 4-12 设备及工具清单。

表 4-12　　　　　　　　　　　　　　设备及工具清单

序号	物品名	规格	数量	备注
1	机器人本体			
2	扭力扳手			
3	改刀			
4	内六角扳手			
5	装配桌			
6	润滑油			
7	注油器			

小　　结

1. 通过机器人 3～4 轴的装配，熟悉机器人减速机的结构和装配要求。

2. 掌握扭力扳手等常用装配工具的使用方法。

思考与练习

1. 在扭力扳手使用过程中如何针对设备选择扭矩?
2. 减速机在安装的过程中应注意哪些细节?
3. 伺服电机在安装的过程中应注意哪些事项?

任务 7　工业机器人 5～6 轴装配

任务介绍

　　某一工业机器人在零件生产完成后需要进行现场装配和调试,机器人整体装配的过程基本是整体拆装过程的逆过程,装配的总体过程是从底座依次装配至末端。本小节重点介绍工业机器人 5～6 轴的装配过程。

任务分析

　　机器人 5～6 轴的安装涉及传送带的安装,在传送带的安装过程中要合理地调整传送带的张紧装置,不能过近亦不能过远,否则机器人在运行过程中会出现吱吱的噪声,对于传送带的使用寿命造成一定的损伤,在安装螺栓的过程中应注意螺栓与螺栓孔的配合,不得将同一型号的螺栓随意地安装在任一螺栓孔内,否则会造成螺纹的损伤。

相关知识

一、公差配合

　　1. 配合

　　配合是指基本尺寸相同的、相互结合的孔和轴公差带之间的关系。

　　国标对配合规定有两种基准制,即基孔制与基轴制。

　　基孔制:是基本偏差为一定的孔的公差带,与不同基本偏差的轴的公差带形成各种配合的一种制度。

　　基孔制的孔为基准孔。标准规定基准孔的下偏差为零,基准孔的代号为"H"。

　　基轴制:是基本偏差为一定的轴的公差带,与不同基本偏差的孔的公差带形成各种配合的一种制度。

　　基轴制的轴为基准轴。标准规定基准轴的上偏差为零,基准轴的代号为"h"。

　　按照孔、轴公差带相对位置的不同,两种基准制都可形成间隙配合、过渡配合和过盈配合三类,如图 4-54 所示。

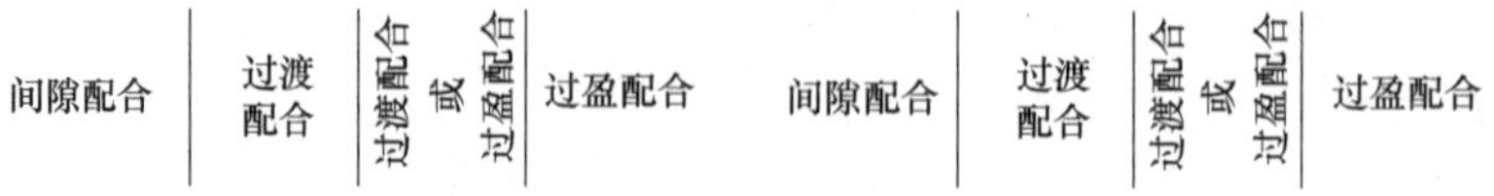

间隙配合	过渡配合	过渡配合 或 过盈配合	过盈配合	间隙配合	过渡配合	过渡配合 或 过盈配合	过盈配合

图 4-54　基孔制配合与基轴制配合

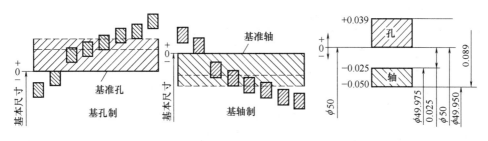

图 4-55　间隙配合公差带

2. 间隙配合

在孔与轴配合中，孔的尺寸减去相配合轴的尺寸，其差值为正时是间隙。

由于孔、轴是有公差的，所以实际间隙的大小将随着孔和轴的实际尺寸而变化。孔的最大极限尺寸减轴的最小极限尺寸所得的代数差，称为最大间隙（X_{max}）。孔的最小极限尺寸减轴的最大极限尺寸所得的代数差，称为最小间隙（X_{min}）。

配合公差（或间隙公差）：是允许间隙的变动量，它等于最大间隙与最小间隙之代数差的绝对值，也等于相互配合的孔公差与轴公差之和。

间隙配合：孔的公差带完全在轴的公差带之上，即具有间隙的配合（包括最小间隙等于零的配合）。

例如：$\phi 50^{+0.039}_{0}$ 的孔与 $\phi 50^{-0.025}_{-0.050}$ 的轴相配是基孔制间隙配合。公差带如图 4-55 所示，各种计算见表 4-13。

表 4-13　　　　　　　　　　　间隙公差计算

项目	孔	轴
基本尺寸	50	50
上偏差	ES＝＋0.039	es＝－0.025（基本偏差）
下偏差	EI＝0（基本偏差）	ei＝－0.050
标准公差	0.039	0.025
最大极限尺寸	50.039	49.975
最小极限尺寸	50.000	49.950
最大间隙	X_{max}＝50.039－49.950＝0.089	
最小间隙	X_{min}＝50.000－49.975＝0.025	
配合公差（间隙公差）	0.089－0.025＝0.064	
	或 0.039＋0.025＝0.064	

3. 过盈配合

在孔与轴配合中，孔的尺寸减去相配合轴的尺寸，其差值为负时是过盈。

同理，实际过盈也随着孔和轴的实际尺寸变化。孔的最小极限尺寸减轴的最大极限尺寸所得的代数差，称为最大过盈（Y_{max}）；孔的最大极限尺寸减轴的最小极限尺寸所得的代数差，称为最小过盈（Y_{min}）。

配合公差（或过盈公差）：是允许过盈的变动量。它等于最小过盈与最大过盈之代数差的绝对值，也等于相互配合的孔公差与轴公差之和。

过盈配合：孔的公差带完全在轴的公差带之下，即具有过盈的配合（包括最小过盈等于零的配合）。

例如：$\phi 50^{+0.025}_{0}$ 的孔与 $\phi 50^{+0.059}_{+0.043}$ 的轴相配是基孔制过盈配合。公差带如图 4-56 所示，各种计算见表 4-14。

表 4-14　　　　　　　　过盈公差计算

	孔	轴
基本尺寸	50	50
上偏差	ES=+0.025	es=+0.059
下偏差	EI=0(基本偏差)	ei=+0.043(基本偏差)
标准公差	0.025	0.016
最大极限尺寸	50.025	50.059
最小极限尺寸	50.000	50.043
最大过盈	$X_{max}=50.000-50.059=-0.059$	
最小过盈	$X_{min}=50.025-50.043=-0.018$	
配合公差	$-0.018-(-0.059)=0.041$	
	或 $0.025+0.016=0.041$	

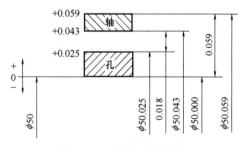

图 4-56　过盈配合公差带

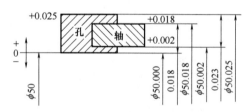

图 4-57　过渡配合公差带

4. 过渡配合

在孔与轴配合中，孔与轴的公差带相互交叠，任取其中一对孔和轴相配，可能具有间隙，也可能具有过盈的配合。

在过渡配合中，其配合的极限情况是最大间隙（X_{max}）与最大过盈（Y_{max}）。

配合公差等于最大间隙与最大过盈之代数差的绝对值，也等于相互配合的孔与轴公差之和。

例如：$\phi 50^{+0.025}_{0}$ 的孔与 $\phi 50^{+0.018}_{+0.002}$ 的轴相配是基孔制过渡配合。公差带如图 4-57 所示，各种计算见表 4-15。

表 4-15 过渡公差计算

	孔	轴
基本尺寸	50	50
上偏差	ES＝＋0.025	es＝＋0.018
下偏差	EI＝0(基本偏差)	ei＝＋0.002(基本偏差)
标准公差	0.025	0.016
最大极限尺寸	50.025	50.018
最小极限尺寸	50.000	50.002
最大间隙	$X_{max}＝50.025－50.002＝0.023$	
最小间隙	$X_{min}＝50.000－50.018＝－0.018$(即最大过盈)	
配合公差	0.023－(－0.018)＝0.041	
	或 0.025＋0.016＝0.041	

二、公差与配合的选用

公差制是伴随互换性生产而产生和发展的。公差与配合标准是实现互换性生产的重要基础。合理地选用公差与配合，不但能更好地促进互换性生产，而且有利于提高产品质量，降低生产成本。

在设计工作中，公差与配合的选用主要包括：确定基准制、公差等级与配合种类。

1. 基准制的选用

选择基准制时，应从结构、工艺、经济几方面来综合考虑，权衡利弊。

(1) 一般情况下，应优先选用基孔制。加工孔比加工轴要困难些，而且所用的刀、量具尺寸规格也多些。采用基孔制，可大大缩减定值刀、量具的规格和数量。只有在具有明显经济效果的情况下，如用冷拔钢作轴，不必对轴加工，或在同一基本尺寸的轴上要装配几个不同配合的零件时，才采用基轴制。

(2) 与标准件配合时，基准制的选择通常依标准件而定。例如，与滚动轴承内圈配合的轴应按基孔制；与滚动轴承外圈配合的孔应按基轴制。

(3) 为了满足配合的特殊需要，允许采用任一孔、轴公差带组成配合，例如 C616车床床头箱中齿轮轴筒和隔套的配合 (图 4-58)。由于齿轮轴套的外径已根据和滚动轴承配合的要求选定为 $\phi60js6$，而隔套的作用只是隔开两个滚动轴承，作轴向定位用，为了装拆方便，它只要松套在齿轮轴筒的外径上即可，公差等级也可选用更低，故其公差带选为 $\phi60D10$，它的公差与配合图解见图 4-59。同样，另一个隔套与床头箱孔的配合用 $\phi90\dfrac{K7}{d11}$。这类配合就是用不同公差等级的非基准孔公差带和非基准轴公差带组成的。

2. 公差等级的选用

合理地选择公差等级，对解决机器零件的使用要求与制造工艺及成本之间的矛盾起着决定性的作用。一般选用的原则如下：

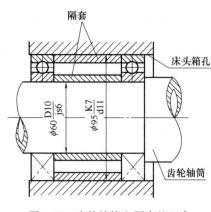

图 4-58　齿轮轴筒和隔套的配合

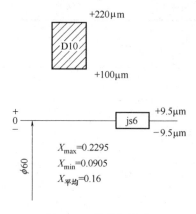

图 4-59　公差与配合

（1）对于基本尺寸≤500mm 的较高等级的配合，由于孔比同级轴加工困难，当标准公差≤IT18 时，国家标准推荐孔比轴低一级相配合，但对标准公差＞IT18 级或基本尺寸＞500mm 的配合，由于孔的测量精度比轴容易保证，推荐采用同级孔、轴配合。

（2）选择公差等级，既要满足设计要求，又要考虑工艺的可能性和经济性。也就是说，在满足使用要求的情况下，尽量扩大公差值，亦即选用较低的公差等级。

3. 配合的选用

在设计中，根据使用要求，应尽可能地选用优先配合和常用配合。如果优先配合与常用配合不能满足要求时，可选标准推荐的一般用途的孔、轴的公差带，按使用要求组成需要的配合。若仍不能满足使用要求，还可以从国家标准所提供的 544 种轴公差带和 543 种孔公差带中选取合适的公差带，组成所需要的配合。

确定了基准制以后，选择配合就是根据使用要求——配合公差（间隙或过盈）的大小，确定与基准件相配的孔、轴的基本偏差代号，同时确定基准件及配合件的公差等级。

对间隙配合，由于基本偏差的绝对值等于最小间隙，故可按最小间隙确定基本偏差代号；对过盈配合，在确定基准件的公差等级后，即可按最小过盈选定配合件的基本偏差代号，并根据配合公差的要求确定孔、轴公差等级。

机器的质量大多取决于对其零部件所规定的配合及其技术条件是否合理，许多零件的尺寸公差都是由配合的要求决定的，一般选用配合的方法有下列三种：

（1）计算法。计算法就是根据一定的理论和公式，计算出所需的间隙或过盈。对间隙配合中的滑动轴承，可用流体润滑理论来计算保证滑动轴承处于液体摩擦状态所需的间隙，根据计算结果，选用合适的配合；对过盈配合，可按弹塑性变形理论，计算出必需的最小过盈，选用合适的过盈配合，并按此验算在最大过盈时是否会使工件材料损坏。由于影响配合间隙量和过盈量的因素很多，理论的计算也是近似的，所以，在实际应用时还需经过试验来确定。

（2）试验法。试验法就是对产品性能影响很大的一些配合，往往用试验法来确定机器工作性能的最佳间隙或过盈，例如风镐锤体与镐筒配合的间隙量对风镐工作性能有很大影响，一般采用试验法较为可靠，但这种方法，须进行大量试验，成本较高。

（3）类比法。类比法就是按同类型机器或机构中，经过生产实践验证的已用配合的使用情况,再考虑所设计机器的使用要求,参照确定需要的配合。

在生产实际中,广泛应用的选择配合的方法是类比法。要掌握这种方法,首先必须分析机器或机构的功用、工作条件及技术要求,进而研究结合件的工作条件及使用要求,其次要了解各种配合的特性和应用。

为了充分掌握零件的具体工作条件和使用要求,必须考虑下列问题:工作时结合件的相对位置状态(如运动速度、运动方向、停歇时间、运动精度等),承受负荷情况,润滑条件,温度变化,配合的重要性,装卸条件,以及材料的物理机械性能等。根据具体条件不同,结合件配合的间隙量或过盈量必须相应地改变。

4. 各类配合的特性和应用

间隙配合的特性是具有间隙。它主要用于结合件有相对运动的配合(包括旋转运动和轴向滑动),也可用于一般的定位配合。

过盈配合的特性是具有过盈。它主要用于结合件没有相对运动的配合。过盈不大时,用键联结传递扭矩;过盈大时,靠孔轴结合力传递扭矩。前者可以拆卸,后者是不能拆卸的。

过渡配合的特性是可能具有间隙,也可能具有过盈,但所得到的间隙和过盈量,一般是比较小的。它主要用于定位精确并要求拆卸的相对静止的联结。

 **任务实施**

●工业机器人5~6轴装配基本步骤方法:

(1) 把轴承(61812)压入手腕体轴承孔中(图4-60)。

注意:压入轴承时,装外圈严禁强力敲打内圈;装内圈轴承严禁强力敲打轴承外圈。

(2) 在5轴减速机组合中,均匀涂抹密封胶(图4-61)。

注意:不要涂抹到波发生器的孔中,以防掉入减速机内部,容易让减速机损坏。

图4-60 手腕与轴承装配图

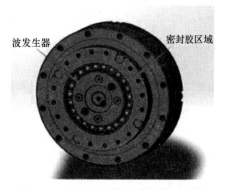

图4-61 减速机组合密封胶涂抹方式

(3) 如图4-62所示,手腕套入小臂中,然后把5轴减速机组合安装到小臂中,可以先预先拧入3个5轴减速机组合输出法兰螺钉(不拧紧);再把5轴轴承座安装到小臂上,拧入3个螺钉,完成初步安装。

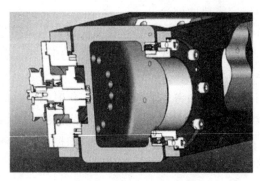

图 4-62　手腕安装示意图

（4）过扭力扳手成对角拧紧减速机组合输入法兰端螺钉 M3 与减速机输入法兰螺钉 M3，扭矩为 2N·m。

注意：扭矩按照 50°％、80°％、100°％进行递增。

（5）拧紧轴承套 M4 螺丝，通过扭力扳手成对角拧紧，扭矩 4N·m。

注意：扭矩按照 50％、80％、100％进行递增。

（6）轻轻搬动手腕体连接体，听减速机是否带有杂音。若有明显的声音，请立即暂停减速机，检查装配过程的问题。

（7）如图 4-63、图 4-64 所示，把 5 轴电机组合放到小臂的安装孔内，背面用 M4 预紧 5 轴电机板，在两带轮间安装皮带。

图 4-63　5 轴电机安装

图 4-64　轴电机组合安装

皮带松紧方法：首先检查皮带的张力，这时可以用拇指，强力地按压 2 个皮带轮中间的皮带，压力约为 100N；如皮带的压下量在 10mm 左右，则认为皮带张力恰好合适；如果压下量过大，则认为皮带的张力不足；如果皮带几乎不出现压下量，则认为皮带的张力过大。皮带安装不正确时，易发生各种传动故障，具体表现为：张力不足时，皮带很容易出现打滑；张力过大时，很容易损伤各种辅机的轴承。为此，应该把相关的调整螺母或螺栓拧松，把皮带的张力调整到最佳状态。如是新皮带，可认为其压下量大概在在 7～8mm 时，皮带张力恰好合适。

（8）把 5 轴伺服电机的电源线和编码器线分别接通，低速测试减速机是否能够转动。注意：转动过程应顺畅、无振动现象。

（9）通过听诊器检查减速机的声音是否带有杂音，若有明显的声音，请立即暂停减速机，关掉电源，检查装配过程的问题。

（10）取 6 轴电机组合体，安装在手腕体中，拧入 M6 螺丝且预紧。利用对角方式通过扭力扳手锁紧，扭矩为 4N·m。

（11）把 6 轴伺服电机的电源线和编码器线分别接通，先低速测试减速机是否能够转动。

（12）通过听诊器检查减速机的声音是否带有杂音，若有明显的声音，请立即暂停减速机，关掉电源，检查装配过程的问题。若无装配问题，则完成 5～6 轴装配体的装配任务，见图 4-65。

（13）在跑机测试中，如果没有问题，装配好剩余所有的零件，打扫场地，完成六轴机器人的整机装配工作。

安排实训

1. 实训目的

（1）熟悉机器人 5～6 轴的装配方法。

（2）掌握过盈配合的应用。

2. 实训要求

（1）确保操作过程中的人身和设备安全。

（2）在 5～6 轴安装的过程中螺栓的安装顺序不能打乱，否则会损坏螺纹。

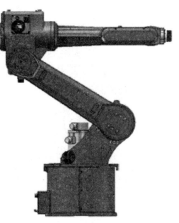

图 4-65 轴装配

（3）合理调整带传动的张紧，在运行的过程中不得出现噪声。

3. 实训计划

分组实施，根据表 4-16 安排计划时间，并填写工作计划表。

表 4-16 工作计划表

步骤	内容	计划时间	实际时间	完成情况
1	整个练习的工作计划			
2	5 轴安装			
3	皮带轮张紧力调试			
4	6 轴安装			
5	整机试运行			
6	成果展示			
7	成绩评估			

4. 设备及工具清单

根据实际需求，填写表 4-17 设备及工具清单。

表 4-17 设备及工具清单

序号	物品名	规格	数量	备注
1	机器人本体			
2	改刀			
3	内六角扳手			
4	螺栓盒			

小　　结

1. 通过 5～6 轴的安装，了解机器人的安装流程。

2. 通过 5 轴伺服电机的安装，掌握螺栓的过盈配合的安装方法。

3. 了解皮带轮张紧力的调试方法。

思考与练习

1. 在机器人 5 轴安装过程中出现的过盈配合起到的主要作用是什么？

2. 在机器人 6 轴安装过程中主要的注意事项有哪些？

项目5 工业机器人调试

教学目标

1. 掌握工业机器人精度检测安装方法。
2. 熟悉工业机器人维护保养的内容和注意事项。
3. 熟悉工业机器人简单故障的排除方法。
4. 掌握工业机器人零点校准方法。

项目概述

工业机器人调试是机器人安装和排故之后必须了解的内容之一，通过机器人的调试可以检测安装的机器人是否符合机器人运行的技术指标，在机器人故障排除之后也需要对机器人的精度和零点进行检测和校准，为了机器人能够正常地运行，机器人的维护和保养也是必不可少的内容。针对以上内容，本项目重点介绍机器人的精度检测、校准、维护保养和机器人故障排除。

引导案例

某一六轴机器人在运行过程中出现了故障，相关技术人员需根据故障的表现对故障进行排除，由于在排除的过程中涉及机器人的拆装，因此在运行之前需要对机器人的重复定位精度进行检测并重新定位机器人的机械零点，同时在日常生活中要加强机器人的保养，以减少机器人故障的产生。本次案例以华数六轴机器人 HS-JR608 现场排故调试为背景，重点介绍六轴机器人排故和调试的内容和方法。

任务 1　工业机器人精度检测

任务介绍

某一工业机器人在安装结束之后为了能了解机器人运行性能及在运行过程中是否达到相应的技术指标，需要对机器人的重复定位精度进行检测，本次任务重点介绍机器人重复定位精度的检测方法和杠杆百分表的使用。

任务分析

机器人的重复定位精度对于机器人的运行精度有着至关重要的影响，它是评判机器人性能的一个重要指标，在机器人的重复定位精度的检测中可以利用杠杆百分表来进行检测，通过对机器人重复定位精度的检测使学生了解机器人的精度对机器人生产运行过程的影响。

 相关知识

一、六轴机器人简单精度测试方法

在完成机器人机械系统拆装任务后，除了能够让机器人进行简单运动外，还需要进一步对机器人进行简单精度测试，以检验 HS-JR608 在每次完整拆装后的精度情况为例。同时，也可以了解和学习一些基本的机器人测试方法。

机器人测试标定包含的内容非常多，在有实验测试设备（如激光跟踪仪）的情况下可进行完整的机器人测试工作，基本能够测试机器人的 16 种性能指标，如位姿准确度、位姿重复性、距离准确度和距离重复性等。但局限于需求设备和试验成本问题，目前即使是专业的厂家和研究机构都很少能够独立完成所有测试工作。限于大部分院校的机器人测试实验条件很难测试机器人姿态性能指标，故本章介绍简单实用的机器人测试方法，测试机器人的重复定位精度，能够简单地检验拆装后的机器人定位能力以检验拆装的正确性。

位姿重复度表示用同一指令从同一方向重复响应 n 次后得到位姿的一致程度。从位姿重复度的定义可看出，位姿重复度与指令位置坐标无关，只与机器人末端实际定位坐标有关。

最简单实用的测试方法即是直接利用机器人进行工件直接定位演示，本拆装工作站可配套华数 JR608 简单定位测试工具，如图 5-1 所示。

图 5-1　六轴机器人简单测试设备

二、杠杆百分表

杠杆百分表又被称为杠杆表或靠表，是利用杠杆-齿轮传动机构或者杠杆-螺旋传动机构，将尺寸变化为指针角位移，并指示出长度尺寸数值的计量器具。杠杆百分表用于测量工件几何形状误差和相互位置的正确性，并可用比较法测量长度，如图 5-2 所示。杠杆百分表在机器人安装过程中，主要用于测量机器人安装精度，以便及时调整。

杠杆百分表具体的使用方法和规范如下。

1. 使用前的检查

（1）轻轻移动测杆，表针应有较大位移，指针与表盘应无摩擦，测杆、指针无卡阻或跳动。

（2）检查测头：测头应为光洁圆弧面。

（3）检查稳定性：轻轻拨动几次测头，松开后指针均应回到原位。

（4）沿测杆安装轴的轴线方向拨动测杆，测杆无明显晃动，指针位移应不大于 0.5 个分度。

2. 使用方法

图 5-2　杠杆百分表

（1）将表固定在表座或表架上，稳定可靠。

（2）调整表的测杆轴线垂直被测尺寸线。对于平面工件，测杆轴线应平行于被测平面；对于圆柱形工件，测杆的轴线要与被测母线的相切面平行，否则会产生很大的误差。

（3）测量前调零位。比较测量用对比物（量块）做零位基准。形位误差测量用工件做零位基准。调零位时，先使测头与基准面接触，压测头到量程的中间位置，转动刻度盘使 0 线与指针对齐，然后反复测量同一位置 2～3 次后检查指针是否仍然与 0 线对齐，如不齐则重调。

（4）测量时，用手轻轻抬起测杆，将工件放入测头下测量，不可把工件强行推入测头下。显著凹凸的工件不用杠杆表测量。

（5）不要使杠杆表突然撞击到工件上，也不可强烈振动、敲打杠杆表。

（6）测量时注意表的测量范围，不要使测头位移超出量程。

（7）不使测杆做过多无效的运动，否则会加快零件磨损，使表失去应有精度。

（8）当测杆移动发生阻滞时，须送计量室处理。

3. 读数方法

读数时眼睛要垂直于表针，防止偏视造成读数误差。测量时，观察指针转过的刻度数目，乘以分度值得出测量尺寸。

4. 维护与保养

（1）使表远离液体，不使冷却液、切削液、水或油与表接触。

（2）在不使用杠杆表时，要解除其所有负荷，让测量杆处于自由状态。

任务实施

工业机器人精度检测操作步骤：

（1）在机器人拆装桌上安装磁性吸盘。

（2）将杠杆百分表固定在磁性吸盘上。

（3）调整杠杆百分表，将杠杆百分表在自然状态下调到零点。

（4）打开机器人示教器，将机器人回零，编写一段简单的直线指令。

（5）通过手动操作，将机器人的末端缓慢地移动到杠杆百分表的测头，在表的指针上有数据显示且不得超过其量程。

（6）记下当前杠杆百分表的读数，并在机器人程序上标定当前位置坐标。

（7）机器人回零。

（8）将编写好的机器人程序运行，并选择连续运行模式。

（9）观察杠杆百分表的读数，和前面记下的读数进行对比，如读数一致说明机器人精度满足要求，如有偏差，记下运行后读数计算偏差量，并对机器人进行调整。

通过机器人简单编程，即可沿着同一轨迹重复同一指令检验其定位精度。如果能够完成上述定位任务，则装配的机器人精度满足要求，最终即完整地完成了本机器人机械系统拆装实训任务。

 安排实训

1. 实训目的

（1）掌握杠杆百分表的使用方法。

（2）熟悉机器人重复定位精度的检测方法。

2. 实训要求

（1）确保操作过程中的人身和设备安全。

（2）在杠杆百分表的检查过程中需要观察表的灵活性。

（3）机器人的运行倍率调整到 10％左右，防止出现由于编程失误造成的碰撞。

3. 实训计划

分组实施，根据表 5-1 安排计划时间，并填写工作计划表。

表 5-1 工作计划表

步骤	内容	计划时间	实际时间	完成情况
1	整个练习的工作计划			
2	检查杠杆百分表			
3	安装杠杆百分表			
4	机器人检测程序编制			
5	重复定位精度检测			
6	成果展示			
7	成绩评估			

4. 设备及工具清单

根据实际需求，填写表 5-2 设备及工具清单。

表 5-2 设备及工具清单

序号	物品名	规格	数量	备注
1	机器人本体			
2	磁性底座			
3	杠杆百分表			
4	改刀			

 小　结

1. 通过杠杆百分表的检查，熟悉杠杆百分表的使用方法。

2. 通过重复定位精度的检测，熟悉机器人定位精度的内涵。

 思考与练习

1. 机器人重复定位精度的检测除了利用杠杆百分表来检测，还可以采用什么方法？
2. 杠杆百分表的工作原理是什么？
3. 在机器人的重复定位精度的检测中，需要检查杠杆百分表的哪些内容？

任务 2　工业机器人校准

 任务介绍

某一工业机器人在安装结束之后，通过示教器回零发现机器人无法回复到出厂设置的零度位置，如果将机器人拆卸重新安装就过于复杂，此时可以采取机器人零度重新校准的方法来调整。本次任务重点介绍机器人示教器校准和机械校准的方法。

 任务分析

机器人校准在机器人机械拆装中是必须掌握的一项技能，在机器人拆装过程中无法百分之一百保证机械安装的位置刚好到达零度的位置，同时机器人在长期的运行过程中也可能出现零度偏差的现象，此时采用重新校准的方法可以简单可靠地将机器人的零度回零，使机器人的精度达到所需的技术要求。

 相关知识

一、示教器校准

1. 鼠标辅助方式校准示教器

（1）查看系统是否安装了切换横屏工具。

（2）如果未安装，首先要想办法安装横屏工具（如果不好安装，请先用 4 点法校准一次后再安装，然后用 9 点法或者 25 点法校准）。

（3）把 USB 鼠标键盘插到示教器 USB 口。

（4）打开横屏工具，然后关闭。

（5）在应用列表中找到 TouchPack 应用，图标如图 5-3 所示。

（6）选择 4 点法校屏，如图 5-4 所示（如果已经打开过切换横屏工具，请用 9 点法或者 25 点法校准更为准确，只需要跟随十字光标点击即可）。

（7）从示教器顶部 log 位置开始点击，如果十字显示在示教器底部左下角（如果十字在顶部 log 位置，则按实际十字位置点击，即横屏状态下按照实际位置点击），也需要从顶部 log 位置开始点击，然后逆时针按顺序点完 4 个点，如果是竖屏显示，则从顶部左上角开始点击，然后依次是左下角，右下角，右上角。

2. 重装 App 法示教器校准

删除 data 文件夹，注意，此方法会把示教器恢复到出厂设置，需要重新安装机器

图 5-3　机器人 App 界面

图 5-4　校屏选项

人 APK。

（1）用安卓数据线连上示教器和电脑（如果是第一次在电脑上使用，需要等待几分钟，驱动会自动安装）。

（2）双击 runme.bat，如果出现命令行界面（图 5-5）则证明成功连上了示教器。

（3）敲入 su 回车。

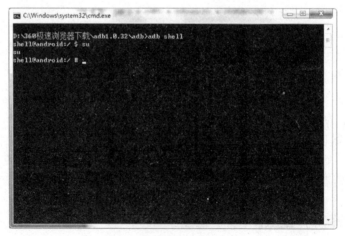

图 5-5　命令界面

（4）输入 rm-rf/data，如图 5-6 所示。

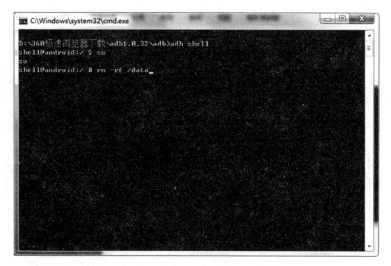

图 5-6 命令界面

（5）断电重启，用 9 点法或者 25 点法校准。

二、机械零点校准

机器人在出厂前，已经做好机械零点校准，当机器人因故障丢失零点位置，需要对机器人重新进行机械零点的校准。零点校准原理如图 5-7 所示。

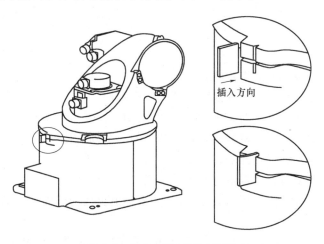

插入方向

图 5-7 零点校准原理示意图

如图 5-7 所示，随着机器人的轴转动，两个部件 U 形槽互相大概对正时，低速微调机器人转动角度，当零点校准块能同时插入两个 U 形槽时，表示该位置即为机器人零点位置。

注意：零点校准块必须能轻松插入，不得用力压入，否则会损坏机器人零点定位槽。零点校准块插入情况下，不可运动机器人，否则会损坏机器人。

机器人各轴零点校准位置如图 5-8～图 5-11 所示。

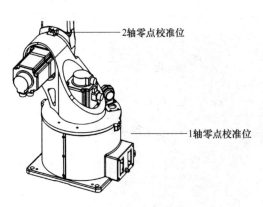

图 5-8   1/2 轴零点校准位置

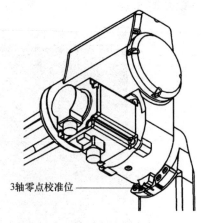

图 5-9   3 轴零点校准位置

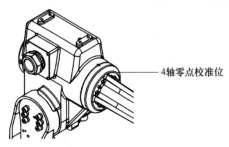

图 5-10   4 轴零点校准位置

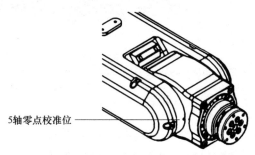

图 5-11   5 轴零点校准位置

 **任务实施**

●工业机器人机械校准操作步骤：

（1）打开示教器，在示教器界面将机器人所有轴回零。

（2）在示教器界面观看机器人 1～6 轴回零后的坐标。

（3）在示教器中手动运行机器人，将机器人的 6 个轴运行至零点校准位。

（4）打开示教器系统设置并输入设置密码。

（5）在系统设置中找到并点击打开校准界面。

（6）将机器人校准界面中机器人 1～6 轴的坐标值更改为前面记录的坐标值。

（7）点击更改，并确认。

（8）将机器人 6 个轴随意运行，然后通过示教器回零，观察机器人回零后的位置是否达到了机械零点的刻度位置。如果达到机械零点的刻度位置则机器人的机械校准就完成了，如果没有回复到刻度位置则需采用上述方法重新校准。

一般情况下，机器人零点校准的坐标数值应为 45°的整数倍。

安排实训

1. 实训目的

（1）熟悉机器人系统设置的内容。

（2）掌握机器人机械零点校对的方法。

2. 实训要求

（1）确保操作过程中的人身和设备安全。

（2）在机器人系统设置中除了更改校准坐标参数外，不得更改系统中机械参数等数值，否则会出现设备安全故障。

3. 实训计划

分组实施，根据表 5-3 安排计划时间，并填写工作计划表。

表 5-3　　　　　　　　　　　　　　　工作计划表

步骤	内容	计划时间	实际时间	完成情况
1	整个练习的工作计划			
2	机器人回零			
3	机器人手动校准			
4	机器人系统校准			
5	校准后检测			
6	成果展示			
7	成绩评估			

4. 设备及工具清单

根据实际需求，填写表 5-4 设备及工具清单。

表 5-4　　　　　　　　　　　　　　　设备及工具清单

序号	物品名	规格	数量	备注
1	机器人本体			
2	示教器			

 小　结

1. 通过机器人示教器校准，熟悉示教器校准的方法。

2. 通过机器人机械校准，了解机器人系统参数的更改方法及校准的目的。

 思考与练习

1. 简述机器人示教器校准和机械校准的区别。

2. 机器人系统参数中的机械参数为什么不能进行更改？

3. 为什么机器人在运行一段时间后会出现零点偏离的现象？

任务 3　机器人保养

 任务介绍

某生产企业在设备维护期间需要对机器人进行维护保养，维护人员针对机器人的具体情况制定了相应的保养内容。

 任务分析

为了机器人在运行过程中减少故障的产生和延长使用寿命，工业机器人需要进行日常、季度、年度检测，对于润滑油要及时地更换，螺栓要进行及时的检查，防止出现松动等影响运行质量的事件产生。本任务针对机器人的保养内容和时间做了详细的介绍，使学生在操作机器人的过程中了解机器人保养的内容和保养方式。

 相关知识

为了使机器人能够长期保持较高的性能，必须进行维修检查。检修分为日常检修和定期检修，其基本周期如表5-5~表5-8所示，检查人员必须编制检修计划并切实进行检修。另外，必须以每工作40000h或每8年之中较短的时间为周期进行大修。检修周期是按点焊作业为基础制定的。装卸作业等使用频率较高的作业建议按照约1/2的周期实施检修及大修。

一、日常检查（表5-5）

表 5-5　　　　　　　　　　日常检查表

序号	检查项目	检查点
1	异响检查	检查各传动机构是否有异常噪声
2	干涉检查	检查各传动机构是否运转平稳,有无异常抖动
3	风冷检查	检查控制柜后风扇是否通风顺畅
4	管线附件检查	是否完整齐全,是否磨损,有无锈蚀
5	外围电气附件检查	检查机器人外部线路,按钮是否正常
6	泄漏检查	检查润滑油供排油口处有无泄漏润滑油

二、每季度检查（表5-6）

表 5-6　　　　　　　　　　季度检查表

序号	检查项目	检查点
1	控制单元电缆	检查示教器电缆是否存在不恰当扭曲
2	控制单元的通风单元	如果通风单元脏了,切断电源,清理通风单元
3	机械单元中的电缆	检查机械单元插座是否损坏,弯曲是否异常,检查马达连接器和航插是否连接可靠
4	各部件的清洁和检修	检查部件是否存在问题并处理
5	外部主要螺钉的紧固	上紧末端执行器螺钉,外部主要螺钉

三、每年检查（表5-7）

表 5-7　　　　　　　　　　年检查表

序号	检查项目	检查点
1	各部件的清洁和检修	检查部件是否存在问题并处理
2	外部主要螺钉的紧固	上紧末端执行器螺钉、外部主要螺钉

四、每 3 年检查（表 5-8)

表 5-8　　　　　　　　　　　　每 3 年检查表

检查项目	检查点
减速机润滑油	按照润滑要求进行更换

注释：

（1）关于清洁部位，主要是机械手腕处，清洁切削和飞溅物。

（2）关于紧固部位，应紧固末端执行器安装螺钉、机器人设置螺钉、因检修等而拆卸的螺钉。

应紧固露出于机器人外部的所有螺钉。有关安装力矩，请参阅相应的螺钉拧紧力矩表，并涂相应的紧固胶或者密封胶。

五、主要螺栓的检修

螺钉的拧紧和更换，必须用扭矩扳手正确扭矩紧固后，再行涂漆固定，此外，应注意未松动的螺栓不得以所需以上的扭矩进行紧固（表 5-9)。

表 5-9　　　　　　　　　　主要螺钉检查部位

序号	检查部位	序号	检查部位
1	机器人安装用	5	4 轴马达安装用
2	1 轴马达安装用	6	5 轴马达安装用
3	2 轴马达安装用	7	手腕部件安装用
4	3 轴马达安装用	8	末端负载安装用

六、润滑油的检查

每运转 5000 小时或每隔 1 年（装卸用途时则为每运转 2500 小时或每隔半年），需测量减速机的润滑油铁粉浓度。超出标准值时，有必要更换润滑油或减速机。

检修时，如果必要数量以上的润滑油流出了机体外时，请使用润滑油枪对流出部分进行补充。此时，所使用的润滑油枪的喷嘴直径应为 $\phi17mm$ 以下。补充的润滑油量比流出量更多时，可能会导致润滑油渗漏或机器人动作时的轨迹不良等。

检修或加油完成后，为了防止漏油，在润滑油管接头及带孔插塞处务必缠上密封胶带再进行安装。有必要使用能明确加油量的润滑油枪。无法准备到能明确加油量的油枪时，通过测量加油前后润滑油重量的变化，对润滑油的加油量进行确认。

注意：

机器人刚刚停止的短时间内等情况下，内部压力上升时，在拆下检修口螺塞的一瞬间，润滑油可能会喷出。

更换润滑油注意：

混用不同油品可能导致减速机严重受损。加注减速机润滑油时，请勿混用不同油品。

●润滑油供油量

1、2、3轴减速机润滑油每运转20000h或每隔4年（用于装卸时则为每运转10000h或每隔2年）应更换。表5-10给出指定润滑油和供油量。

表5-10　　　　　　　　　　　　　　更换润滑油油量表

提供位置	HSR-JR612	润滑油名称	备　注
1轴减速机	350mL	VIGOGREASEREO（品牌 Nabtesco）	急速上油会引起油仓内的压力上升，使密封圈开裂，而导致润滑油渗漏，供油速度应控制在40mL/10s以下
2轴减速机	295mL		
3轴减速机	248mL		

对于润滑油更换或补充时，一般按表5-11给出的方位操作。

表5-11　　　　　　　　　　　　　　润滑方位

供给位置	方位					
	1	2	3	4	5	6
1轴减速机	任意	±30°	任意	任意	任意	任意
2轴减速机		任意				
3轴减速机		±30°				

任务实施

1. 工业机器人1、2、3轴减速机润滑油更换步骤

（1）将机器人移动到润滑位置。

（2）切断电源。

（3）移去润滑油供排口的M8内六角螺塞，见图5-12～图5-14。

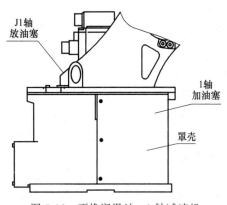

图5-12　更换润滑油，1轴减速机

（4）提供新的润滑油，缓慢注油，供油速度应控制在40mL/10s以下，不要过于用力，必须使用可明确加油量的润滑油枪，没有能明确加油量的油枪时，应通过测量加油前后的润滑油重量的变化，对润滑油的加油量进行确认。

（5）如果供油没有达到要求的量，可用供气用精密调节器挤出腔中气体再进行供油，气压应使用调节器控制在最大0.025MPa以下。

（6）仅请使用指定类型的润滑油。如果使用了指定类型之外的其他润滑油，可能会损坏减速机或导致其他问题。

（7）将内六角螺塞装到润滑油供排口上，注意密封胶带，以免进出油口处漏油。

（8）为了避免因滑倒导致的意外，应将地面和机器人上的多余润滑油彻底清除。

（9）供油后，释放润滑油槽内残压后安装内六角螺塞，注意缠绕密封胶带，以免油脂供排油口处泄漏。

如果未能正确执行润滑操作，润滑腔体的内部压力可能会突然增加，有可能损坏密封

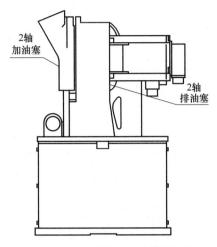

图 5-13　更换润滑油，2 轴减速机

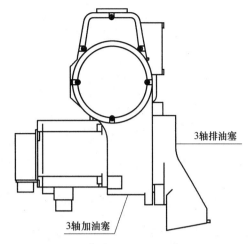

图 5-14　更换润滑油，3 轴减速机

部分而导致润滑油泄漏和操作异常。

所需工具如下：

① 润滑油枪（带供油量检查计数功能）。

② 供油用接头［M8×1］1 个。

③ 供油用软管［$\phi 8 \times 1m$］1 根。

④ 供气用精密调节器 1 个（最大 0.2MPa，可以 0.01MPa 刻度微调）。

⑤ 气源。

⑥ 重量计（测量润滑油重量）。

⑦ 密封胶带。

2. 释放润滑油槽内残压

供油后，为了释放润滑槽内的残压，应适当操作机器人。此时，在供润滑油进出口下安装回收袋，以避免流出来的润滑油飞散。

为了释放残压，在开启排油口的状态下，1 轴在 ±30° 范围内，2、3 轴在 ±10° 范围内反复动作 20min 以上，速度控制在低速运动状态。

由于周围的情况而不能执行上述动作时，应使机器人运转同等次数（轴角度只能取一半的情况下，应使机器人运转原来的 2 倍时间）。上述动作结束后，将排油口上安装好密封螺塞（用组合垫或者缠绕密封胶带）。

 安排实训

1. 实训目的

（1）掌握机器人保养的内容。

（2）熟悉减速机润滑油的更换方法。

2. 实训要求

（1）确保操作过程中的人身和设备安全。

（2）通过减速机润滑油的更换，进一步熟悉润滑油的特性和更换方法。

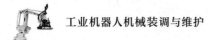

3. 实训计划

分组实施,根据表 5-12 安排计划时间,并填写工作计划表。

表 5-12　　　　　　　　　　　　　工作计划表

步骤	内容	计划时间	实际时间	完成情况
1	制订整个练习的工作计划			
2	制订机器人保养计划			
3	润滑油的更换			
4	螺栓检查			
5	机器人运行调试			
6	成果展示			
7	成绩评估			

4. 设备及工具清单

根据实际需求,填写表 5-13 设备及工具清单。

表 5-13　　　　　　　　　　　　　设备及工具清单

序号	物品名	规格	数量	备注
1	机器人本体			
2	润滑油			
3	改刀			
4	注油器			
5	听诊器			

 小　　结

1. 掌握机器人保养计划的制订。
2. 熟悉减速机润滑油的更换方法。
3. 熟悉机器人主要螺栓的检查方法。

 思考与练习

1. 机器人螺栓松动对机器人的运行会造成什么影响?
2. 机器人润滑油的注入需要注意哪些事项?

任务 4　机器人故障排除

 任务介绍

机器人在运行过程中出现了位置偏移及噪声的现象,技术人员需对机器人的故障进行检查和排除。

任务分析

　　引发机器人故障的原因有很多种，如电机、减速机等都会对机器人的运行产生影响，在检查机器人的故障时可以按照机器人故障检查的常规方法一步一步地检查，然后查询故障原因表逐一排除。本任务重点介绍机器人故障的调查方法和主要零部件的检修。

相关知识

一、调查故障原因的方法

　　1. 关于机器人的故障

　　机器人设计上必须达到即使发生异常情况，也可以立即检测出异常，并立即停止运行。即便如此，由于仍然处于危险状态下，绝对禁止继续运行。

　　机器人的故障有如下几种情况：

　　（1）一旦发生故障，直到修理完毕不能运行的故障。

　　（2）发生故障后，放置一段时间后，又可以恢复运行的故障。

　　（3）即使发生故障，只要使电源 OFF，则又可以运行的故障。

　　（4）即使发生故障，立即就可以再次运行的故障。

　　（5）非机器人本身，而是系统侧的故障导致机器人异常动作的故障。

　　（6）因机器人侧的故障，导致系统侧异常动作的故障。

　　尤其是（2）（3）（4）的情况，肯定会再次发生故障。而且，在复杂的系统中，即使老练的工程师也经常不能轻易找到故障原因。因此，在出现故障时，请勿继续运转，应立即联系接受过规定培训的保全作业人员，由其实施故障原因的查明和修理。此外，应将这些内容放入作业规定中，并建立可以切实执行的完整体系。否则，会导致事故发生。

　　2. 机器人动作、运转发生异常

　　机器人动作、运转发生某种异常时，如果不是控制装置出现异常，就应考虑是因机械部件损坏所导致的异常。为了迅速排除故障，首先需要明确掌握现象，并判断是因什么部件出现问题而导致的异常。

　　第 1 步：哪一个轴出现了异常？

　　首先要了解是哪一个轴出现了异常现象。如果没有明显异常动作而难以判断时，应对有无发出异常声音的部位、有无异常发热的部位、有无出现间隙的部位等情况进行调查。

　　第 2 步：哪一个部件有损坏情况？

　　判明发生异常的轴后，应调查哪一个部件是导致异常发生的原因。一种现象可能是由多个部件导致的。故障现象和原因如表 5-14 所示。

　　［注 1］负载超出电机额定规格范围时出现的现象。

　　［注 2］动作时的振动现象。

　　［注 3］停机时在停机位置周围反复晃动数次的现象。

　　因此，为了判明是哪一个部件损坏，需查阅相关表格。

　　第 3 步：问题部件的处理。

判明出现问题的部件后则进行更换或维修。

表 5-14 故障现象和原因

故障说明 原因部件	减速机	电机	故障说明 原因部件	减速机	电机
过载［注1］	○	○	停止时晃动［注3］		○
位置偏差	○	○	轴自然掉落	○	○
发生异响	○	○	异常发热	○	○
运动时振动［注2］	○	○	误动作、失控		○

二、机器人主要零部件的检修

1. 减速机

减速机损坏时会产生振动、异常声音。此时，会妨碍正常运转，导致过载、偏差异常，出现异常发热现象。此外，还会出现完全无法动作及位置偏差。

（1）检查方法。检查润滑脂中铁粉量：润滑脂中的铁粉量增加浓度约在 1000mg/kg 以上时则有内部破损的可能性。

每运转 5000h 或每隔 1 年（装卸用途时则为每运转 2500h 或每隔半年），请测量减速机的润滑脂铁粉浓度。超出标准值时，有必要更换润滑脂或减速机。

检查减速机温度：温度较通常运转上升 10℃ 时基本可判断减速机已损坏。

（2）处理方法。一般需要更换减速机。

2. 电机

电机异常时，停机时会出现晃动、运转时振动等动作异常现象。此外，还会出现异常发热和发出异常声音等情况。由于出现的现象与减速机损坏时的现象相同，很难判定原因出在哪里，因此，应同时进行减速机和电机的检查。

（1）调查方法。检查有无异常声音、异常发热现象。

（2）处理方法。一般需要更换电机。

3. 本体管线包

对于底座到马达座这一部分，管线包运动幅度比较小，主要是大臂和马达座连接处，这一部分随着机器人的运动会和本体有相对运动，如果管线包和本体周期性的接触摩擦，可添加防撞球或者在摩擦部分包裹防摩擦布来保证管线包不在短时间内磨破或者是开裂，添加防撞球位置由现场应用人员根据具体工位来安装。

管线包经过长时间的与机械本体摩擦，势必会导致波纹管出现破裂的情况或者是即将破损的情况，在机器人的工作中，这种情况是不允许的。如果出现上述情况，最好提前更换波纹管（可在机器人不运行时更换）。

4. 其他

工业机器人的检修除了主要部件之外还有其他内容需要检修，其检修内容可见表 5-15。

表 5-15　　　　　　　　　　　　　　　　　**检修项目一览表**

检修部位		方法	检修处理内容				
		日常	间隔 1000h	间隔 6000h	间隔 12000h	测试方法	检测内容
1	整体外观	○				目测	清扫灰尘、焊接飞溅,检查各部分有无龟裂、损伤
2	工装夹具	○				扳手、手触	检查工作夹具有无缺少、松动;滑块是否顺畅滑动
3	悬臂吊	○				目测、扳手、电测	悬臂吊螺钉是否拧紧、电机安装是否偏移工作轨道,控制器是否出现线路问题、电源线是否损坏、接触是否良好
4	防护栏	○				手触	检测护栏是否摇晃
5	电控柜	○				电测	电控柜的外部电源线是否出现损坏、接触是否良好
6	零件检测	○				测量	检查各个关键部位是否损坏
7	本体线缆	○				目测、电测	连接线缆是否损坏、有污迹
8	测试线缆			○		目测、电测	
9	大修				○		请联系本公司人员

 任务实施

●工业机器人管线包更换步骤:

（1）确定所用更换的管线包里的所有线缆，松开这些线缆的接头或者连接处。

（2）松开所用管夹，取下波纹管（这时要注意对管夹固定的波纹管处要做好标记），将线缆从管线包中抽出。

（3）截取相同长度的同样规格的管线，同样在相同的位置做好标记，目的是为了安装方便。

（4）将所有线缆穿入新替换的管线中。

（5）将穿入线缆的管线包安装到机械本体上（注意做标记的位置）。

（6）做好各种线缆接头并连接固定。

 安排实训

1. 实训目的

（1）掌握机器人管线包的更换方法。

（2）熟悉机器人故障的排查步骤。

（3）掌握减速机及电机的故障排查。

2. 实训要求

（1）确保操作过程中的人身和设备安全。

（2）通过工业机器人管线包的更换，了解机器人故障的排查方法。

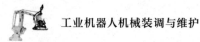
3. 实训计划

分组实施，根据表 5-16 安排计划时间，并填写工作计划表。

表 5-16 工作计划表

步骤	内容	计划时间	实际时间	完成情况
1	整个练习的工作计划			
2	机器人故障排查			
3	机器人故障解决方案制定			
4	管线包更换			
5	成果展示			
6	成绩评估			

4. 设备及工具清单

根据实际需求，填写表 5-17 设备及工具清单。

表 5-17 设备及工具清单

序号	物品名	规格	数量	备注
1	机器人本体			
2	改刀			
3	听诊器			
4	内六角扳手			
5	润滑油			

 小 结

1. 通过机器人的故障排除，熟悉减速机及电机故障的表现。
2. 掌握机器人故障的排查方法。

思考与练习

1. 机器人故障的排查需要注意哪些事项？
2. 为什么需要对机器人的主要零部件进行检查？
3. 如何对机器人主要零部件进行故障排除？

参 考 文 献

［1］ 杨杰忠，王振华. 工业机器人操作与编程 ［M］. 北京：机械工业出版社，2017.

［2］ 黄风. 工业机器人实操进阶手册 ［M］. 北京：化学工业出版社，2019.

［3］ 张明文. 工业机器人基础与应用 ［M］. 哈尔滨：哈尔滨工业大学出版社，2018.

［4］ 余任冲. 工业机器人应用案例入门 ［M］. 北京：电子工业出版社，2015.

［5］ 胡月霞，卢玉锋，王志彬. 工业机器人拆装与调试 ［M］. 北京：水利水电出版社，2019.

［6］ 连硕教育教材编写组. 工业机器人入门与实训 ［M］. 北京：电子工业出版社，2017.

［7］ 高永伟. 工业机器人机械装配与调试 ［M］. 北京：机械工业出版社，2017.